Catcher

一如《麥田捕手》的主角，
我們站在危險的崖邊，
抓住每一個跑向懸崖的孩子。
Catcher，是對孩子的一生守護。

關鍵教養〇至六

盧蘇偉◎著

【推薦序】

愛的教育

吳鳳大學幼兒保育系主任　盧美貴

細品偉弟的文章，是一種心靈上的享受。

言簡意賅的生動文字，甜甜蜜蜜的親子情愛躍然紙上，他對兒子豆豆的用心與發心，直教當他老姊的我都感動了：好個天才奶爸！

《關鍵教養○至六》一書深入淺出的闡釋化麻煩為智慧、讓衝突變成笑話的親子相處之道，信手拈來，扣人心弦，每一則爸爸和豆豆身邊所發生的事，都是你我所熟悉的點點滴滴，相信你會和我一樣會心微笑。

孩子的世界和大人一樣嗎？

當我們長大成人，不再是兒童，認識孩子的世界，可以幫助爸爸媽媽教育與輔導孩子。

小孩子的世界是什麼？

在孩子的世界裡，從一粒沙中可以觀賞世界，從一朵野花中可以看見天堂。在小孩子的世界裡，小老鼠可以變成駿馬、南瓜可以變成馬車、灰姑娘可以變成公主，他可以使一無所有變成無所不有，藉短暫的光陰把握住永恆……

孩子的世界，是個探索與好奇的世界。在那兒，希望和夢想都成真的一樣；在那兒，小貓兒、小狗兒都真的能感受、也能言語。

孩子是自我中心的，他只注意到自己的感覺與需求，他還沒有能力體會別人的感受，也無法關心別人。了解別人與體貼別人是閱歷無數才培育出來的能力，是經時間洗練的結果。

孩子的感官非常敏銳，任何可以嚐、摸、聽、聞的，都讓他覺得新鮮而有趣，五官的親身體驗是孩子主要的學習之道。

小孩子的生活步調比大人慢多了，他無法像大人般掌握時間概念，他不知道緩急輕重，他也不能像大人一樣計畫未來，他的生活沒有過去式，也沒有未來式，只有現在式。

孩子的微笑可以喚醒太陽，孩子的眼淚可以洗滌煩塵，讓孩子在愉快與歡樂的家庭中成長，將會為他帶來無止境的希望。

期勉偉弟日後在親職教育更精進，造福更多的爸爸媽媽，更願普天下父母以「五心上將」——愛心、耐心、信心、童心與上進心共勉。讓我們因為不斷的學習與成長，每位爸媽都成為「天才父母」。

（本文作者盧美貴教授爲盧蘇偉的大姊，也是國內知名的幼兒保育專家）

【自序】

關鍵教養的〇至六歲

我們的孩子成長於二十一世紀，也將成就於二十一世紀，我們孩子要具備的已不只是學歷和能力，更重要的是他的良善特質和品格。如何擺脫過去的教養經驗，用前瞻的思維培養孩子，讓他們成為新世紀裡兼具愛、快樂而又優秀的人，是我想和各位分享的經驗。我以自身陪伴孩子走過的故事，讓你了解，做個放鬆、愛與尊重的父母，才是「對」的教養方法。與孩子共有一份愛與成功的存款，我們的孩子會具有下列的優勢能力：

★激勵高手：

人永遠是最重要的資產，「管理」已是落伍的思維，前瞻的理念是看重每個人的獨特性，激勵每個人都充分的自我發展。孩子會因你的賞識和看重而懂得肯定和激勵別人，如此孩子不僅受人歡迎，還會四處散播愛與歡笑。

★溝通專家：

單打獨鬥的英雄時代已經過去，新世紀是團隊合作的世紀，集合眾人智慧，邁向共同目標，就是靠「溝通能力」。溝通不是技巧和方法，而是個人具有的特質和魅力。人與人間的互動不是單靠語言，一個人內在所具有的愛和喜悅，才是人際互動的重要關鍵。

★學習快手：

身處資訊時代，閉門造車無法創造奇蹟，廣泛吸收別人的經驗才有可能創造屬於自己的能力。知識的價值來自於速度，孩子的學習態度和習慣，決定整合與分析系統的速度。技巧方法是有限的，孩子若能充滿自信，能在各項不明確的過程中堅持努力，是未來能否以知識發展生涯的重要關鍵。

★創意思考：

我們的教育像工廠，磨掉了孩子獨特的特質，也讓孩子未來創意思考的能力大大減低。六歲前的多元經驗，會讓孩子相信自己是好的、對的，因而提升對學校適應的能力，並保有自己獨特的、不一樣的思維模式。擁有創意的頭腦，才有機會以小搏大，以寡敵眾，在未來有寬廣的路可走，開創無限可能。

★廣受歡迎：

孩子的特質會決定自己是暴力的受害者或是加害者，也決定是否容易與人相處，是否受人歡迎。人永遠是最重要的資源，重要的不是在能力，而是溫和有原則的特質。如果能多方的與人為善，廣結朋友，我們的孩子才能從多元競爭中創造合作夥伴和互助關係。

★堅持到底：

具備了前述條件，少了勇於作夢和為夢想堅持的態度，我們的孩子還是難以擁有自己的領域和發展空間。堅持努力是種態度，更是個習慣，它來自生活中，父母是否能扮演賞識者，給予孩子足夠的安全感和信心。別小看六歲前父母的作為，你的習慣和態度，決定孩子未來的命運喔！

如何教養我們的孩子會思考、懂學習、善溝通又能自我激勵呢？在六歲之前，你必須為孩子做好一切準備。本書想與你分享的是生活中的互動，而非決勝的祕訣或技巧。持續做個陪孩子學習、成長的父母，我們就可以擺脫無效的教養模式，給孩子明確、簡單的示範。

我們要做的，就是當激勵孩子的啦啦隊長。在多元化的社會中，不會什麼並不重要；重要的是，你的孩子會什麼？把焦點放在孩子的優勢能力，代替他「不會」和「失去」的部分。學習做一個會「聽」孩子說話的父母，培養孩子的溝通能力。一個被了解、肯定的人，他才會懂得如何去了解、肯定別人。多元的世紀，每個人的獨特性都有著非凡的價值，每個孩子都是天才，只是展現的地方不一樣。我們要讓孩子習慣被接納，他才能懂得如何接納他人。多看孩子努力的過程，最上乘的鼓勵是肯定別人努力的過程；結果是短暫的，而持續努力是成功的條件。

父母是否正向積極的思考，決定了孩子存入成長存摺裡的是挫敗還是成功經驗。事情沒有好壞，想法決定一切，永遠以正向的態度去教導孩子，才可能讓孩子積極、樂觀的思考，引導孩子迎向無限可能的未來。

自甘墮落的人和充滿希望的人，差異只有一個關鍵：不一樣的決定。孩子會成為社會的希望或是負擔，也只在於他的決定。「夢想」能使人偉大，激發孩子勇於夢想、實踐夢想，並從生活中學習愛己愛人的能力。唯有了解、探索、關懷自己的人，才有力量去愛別人。一個真誠被愛和關懷過的人，也才懂得給別人真誠的愛和關懷。

從現在開始，每天都存一筆「愛的存款」和「成功的經驗」到孩子的成長帳户裡，擁有足夠愛的存款，才可能產生更多的影響力。讓我們一起努力，讓孩子成為世界的禮物和希望！

祝福一切！

感恩一切！

目錄

【推薦序】愛的教育◎盧美貴 5
【自序】關鍵教養的〇至六歲 8

Part1 三歲前的孩子

一、愛的教育
・哭 21
・起床的儀式 23
・餵飯 25
・灌藥 28
・訓練大小便 30
・學步車 32
・甘願做，歡喜受 35
・一起做晚餐 37
・洗頭歷難記 39
・故事書 41
・分享所有 43
・包尿布的大人 46

二、美的生活
・小豆豆的家 49
・小天使的新衣 51
・大象 53
・溜滑梯 56
・扭扭車 58
・喪家 60
・新床 62
・小舅舅 64
・阿公 66
・阿媽 68
・小椅子 70
・腳踏車 72

三、智慧的花朵
・烏龜和石頭 75

・巷仔長 78
・謝謝不氣 80
・穿舊衣 82
・講故事 84
・打掃 86
・智慧 89
・三輪車 91
・無常 93
・兩束鮮花 96
・遊戲床 98
・牙牙學語 100
・找不到奶嘴的晚上 102
・積木 104

四、父母的成長

・摔破的奶瓶 107
・吐奶 110
・感恩 112
・電話 114
・兩百個孩子中的一個 117
・取名 119
・小豆豆的由來 121
・撿糞 123
・夜啼兒 125
・媽咪辛苦了 127
・阿信 130
・一口饅頭 132

Part2 四至六歲的教養關鍵

五、生活即教育

・哭鬧不止的晚上 139
・讓孩子自己做決定 142
・理頭髮 144
・打人記 147
・哥哥生氣了 150
・電視兒童 153
・人來瘋 156
・講髒話 159
・收拾玩具 162
父母時間：檢視我們的教養理念 165
六、做個會「聽話」的父母
・爸爸的對不起！ 169
・豆豆長大了沒有 172
・爸爸很壞！ 175
・完整的應對 178
・閉上！眼睛閉上！ 180
・看牙科 182
・無尾熊「小蜜」 185
・拒學記 189
父母時間：請你思考可能的答案 192
七、共享愛的存款
・你很棒！但別人也很棒！ 195
・有效的讚美 198
・暴龍是不會說話的 200
・鬥牛師伯 203
・和祥祥的戰爭 205
・「單生」貴族 208
・小白天 211
父母時間：分享孩子的成長 213

八、面對孩子，共同成長

・眞的是說謊嗎？ 215
・偷東西 218
・我要那個！ 221
・換座位風波 224
・畫畫 226
・電視廣告兒 230
・棍子要打誰？ 232
父母時間：請思考如何出招 234

九、共存一份親子基金

・累積共同的經驗 237
・籐球情 239
・聖誕老公公 241
・發光的拼圖 243
・在客廳露營 246
・我會保護爸媽 249
父母時間：存一份親子共同基金 251

十、為了給世界一份好禮物做準備

・意願決定一切 253
・激勵專家 255
・學習高手 257
・生活能力的培養 259
・滿足探索的需求 261
・下樓梯 263
・四驅車 265
父母時間：了解孩子，才能協助孩子 268

Part1 三歲前的孩子

這本書沒有理論和教條，只有生活的記錄，用我自己爲人父母後成長的心路，以分享和成就的心，來和普天下的父母一同成長。

我想將這本書獻給所有孩子的爸爸媽媽，你們最有智慧的選擇，就是決定結婚和生子，而不是把生命最美好的部分奉獻給了大房子、大車子、大位子（辦公室）和存摺裡的阿拉伯數字，錯失了從婚姻和親子互動中，學習人生最重要功課的機會！

我自己也懷疑過——每天都趴在地上和孩子玩一、兩個小時，值得嗎？最後，我發現世界上最重要的一件事，就是當個丈夫、太太、爸爸和媽媽，因爲這是歡喜的泉源。我希望在孩子的生命舞台上，「先生」、「太太」、「爸爸」、「媽媽」都能成爲最重要的角色。

「孩子不理性嗎？」

這本書中，我們想以生活上的點滴，讓父母了解嬰、幼兒都能以理性的態度面對問題，只要我們調整態度，孩子也能「甘願做，歡喜受」，親子間不僅少了衝突，更會爲生活添加溫馨和喜悅。

要當怎麼樣的父母，決定權掌握在我們手上，希望本書能讓父母放下權威、斥責和訓令，重新和孩子促膝並坐，共譜生命樂章。

生命是個過程，我們可能會告訴孩子：「等爸媽有空了再……」但失去了這個片刻，就不會再有下一次了。因爲生命的奔流是不會再回來的。放下一切塵念、雜務，隨著孩子進入他們的玩具屋裡，那裡會有大人世界中感受不到的天空！當孩子還是個孩子，我們一定要陪著他們度過，這對孩子跟我們都有著無與倫比的意義。別再猶豫了，把你的時間留給孩子，你一定會覺得，那是親子雙方最享受的時光！

愛孩子就給孩子爸媽的時間！

把我們生命中最珍貴的「時間」留給孩子，把我們人生中最可貴的「眞誠」留給孩子，再加上我們的「支持」和「掌聲」，我們將充分的享受「歡喜父母」的滋味喔！

一、愛的教育

用「愛」來看孩子，孩子的「麻煩」會化成「智慧」；用「心」來待孩子，孩子的「衝突」會化成「笑語」。生活即教育，教育即生活。我們在生活中教育孩子；我們在教育中成長自己。

哭

「孩子不要哭了就抱，抱習慣了以後日子就難熬了！」這是真的嗎？或許還有別的答案喔！

孩子剛出生不久，就有前輩給了一些訓示：「孩子不要哭了就抱，抱習慣了以後日子就難熬了！」

這些話，我們夫妻討論了好久。我們先從孩子爲什麼會哭，哭是在表達何種訊息……逐一討論。

我們感到疑問——若漠視孩子內在的需求，任其哭泣，這樣就是對的嗎？

我們的答案是否定的。

我們的作法是——孩子哭，我們就立即出現在他面前，給他安全感。然後再和他說說話，緩和一下他的情緒，了解他的需求，再把他抱起來，雖然哭鬧還是會哭鬧，但從孩子不同的哭聲中，讓我們眞確地了解，孩子感受到我們的關懷了。

父母小語

教養子女最怕三姑六婆，東一句、西一句，聽也不是，不聽又辜負了別人的好意。

我想現代的父母大部分都受了很好的教育，他人的建議和自己的想法間如何平衡，總覺得有些困難。其實，對於這種狀況不用覺得為難，關懷是永遠不嫌多的，千萬別刻意冷落或漠視孩子的感受，才是最重要的！

起床的儀式

叫孩子起床，往往讓美好的一天有了不愉快的開始，但如果用對了方法，叫孩子起床也可以很愉快喔！

叫孩子起床，孩子無理的取鬧，往往讓美好的一天有了不愉快的開始。

小豆豆也曾是個難帶出門（出門前一再出狀況）的小孩，他的媽咪比我早上班，帶小孩到保母家，成了我每天必做的功課。

我幾乎沒有一天不是匆匆忙忙地把小豆豆交到楊媽媽手上，小豆豆似乎也很不滿意我的服務，常會給我臉色（哭鬧）看，有一段時間，眞的很苦惱！

我下定決心要扭轉狀況，希望我們父子每天都有好的開始。

首先，我以較寬裕的時間打點自己出門的衣著及攜帶物品，同時播放節奏輕快的童謠慢慢吵醒小豆豆。等我準備好，他也醒得差不多了，然後我泡好牛奶綻放笑容，要小豆豆拿掉奶嘴，叫「爸爸」、說「早」。這時他會睜開眼睛接受我的讚美和早安。接著，我抱著他到「米老鼠」、「土撥鼠」、「小鹿斑比」的圖片前，一一問好，再輕輕抱著小豆豆，坐在我的懷裡享用他的牛奶。

從此，小豆豆甚少再爲起床吵鬧，我也不曾因爲他而匆忙出門，每天我們父子都享有溫馨的心靈約會，甚至在送到楊媽媽家時，還有種捨不得的感覺！每天我的心都像在唱歌一樣！

父母小語

我們的孩子一定都是這樣的嗎？哭鬧？頑皮？愛找麻煩？

如果我們用心去調整自己，保持自己微笑的心，孩子也會給予我們最甜美的微笑。

餵飯

每到週末、假日，為了餵飯，可真苦煞了我和媽咪……

餵小豆豆吃飯，對我和媽咪來說，可眞是一大挑戰——考驗我們能否保持風度，持續到（碗）底。

小豆豆平常早上十點吃一餐，下午四點吃一餐，都是楊媽媽一手包辦，可是到了週末、假日，爲了餵飯，可眞苦煞了我們。

小豆豆還吃稀飯時，我們詳細詢問過楊媽媽如何料理和調配。他的稀飯內容可多了，先用排骨熬成湯，再煮米成粥，另外加上高麗菜、紅蘿蔔、大白菜……等，使粥鮮美有營養。週一是吻仔魚粥、週二豬肝粥、週三蝦仁粥、週四虱目魚粥、週五餛飩（自製的小豆豆才喜歡）、週六雞絲粥。

楊媽媽的菜色很多、手藝又好，週六下午同樣是楊媽媽的手藝（中午帶回家的），勉強餵一個小時左右吃完，週日我們可就難過關了，用盡心思想博取豆心，可惜很難得到他的青睞，總是淺嚐即止。

只能再問問楊媽媽，如何餵完一碗飯？

楊媽媽說：「小豆豆吃軟不吃硬，東西再好吃，只要勉強他，他就不吃了（可眞像他爸爸）！所以，餵飯要讓他坐在固定的椅子上，拿些玩具取悅他，慢慢地餵。」

爲了習得眞傳，我們特地在餵飯時間現場觀摩。

只見楊媽媽神情專注地盯著小豆豆，手裡還拿著小玩具，又哄又誇、一口一口的把飯送到小豆豆嘴裡，神情和手勢都專注極了！

我和媽咪看傻了眼。

原來餵碗飯要如此用心和專注，難怪我們以前一直做不好！

此後，我們依樣畫葫蘆，非常用心而專注；一人「用心」持碗，另一人「專注」表演餘興節目，一餐飯吃下來，可眞是熱鬧呢！

父母小語

餵飯要專注和用心，孩子才肯專注、用心的吃！

以前我只會斥責、利誘或威嚇小豆豆吃飯，結果一點效果也沒有，總會覺得是不是手藝不好、口味不對，小豆豆才不吃飯？現在才知道，原來餵飯是「用心」，不是「用手」的呀！

灌藥

「灌藥」是很傷感情的，難道每次都只能全副武裝，然後在哭鬧及斥責聲中完成嗎？

小孩子生病了，「灌藥」是件很傷感情的事，我們家也是這樣。每次小豆豆感冒了，遇到餵藥時間，幾乎都要全副武裝（防範小豆豆嘔吐），然後在大聲哭鬧及斥責中完成。

每次豆豆生病，我和媽咪都會滿心愧疚地向楊媽媽致謝。楊媽媽總說：「小豆豆很聽話，吃藥也不哭鬧！」起初我們都以爲楊媽媽客氣，後來幾經請教，才知道楊媽媽的餵藥方式和我們有「天壤之別」！

楊媽媽餵藥時，都是讓小豆豆自己拿著餵藥器，讓他自己吸，藥吸完了還讓他用餵藥器吸開水來喝，這樣豆豆比較不會抗拒。

聽到這番話，我們才領悟到小豆豆抗拒的不是藥，而是我們強硬的態度和緊張的氣氛！

回到家，我們如法炮製，果然，小豆豆很合作的吃藥，吃完了還要我們拍拍手。後來小豆豆感冒改看中醫，藥粉很大包，要分好幾次吃，豆豆還是皺著眉頭把藥吃完了。我們忘了吃藥時間，他還會主動把藥包拿來，要我們餵他，令我們好感動。

父母小語

小孩子都是不理性的嗎？

孩子也知道藥很苦不好吃，只要我們的方法和態度能讓孩子接受，我確信孩子都願意勇於面對該吃的苦。

吃藥如此，人生的諸多辛苦，又何嘗不是如此？

千萬不要企圖用父母的權威要孩子順從，因為那一定會造成兩敗俱傷的結果。

訓練大小便

小豆豆在保母家很少尿褲子，不過在家裡可就大不相同了。這種狀況下，該訓練的不是小豆豆，而是他的爸媽。

小豆豆的保母楊媽媽是個很有智慧的人，小豆豆一歲不到，便訓練他自己大小便。剛開始，我們會擔心小豆豆會因此而有挫折感，一個一歲不到的孩子要他了解大人的語言，似乎不太容易。

「楊媽媽就是有辦法！」是我和媽咪常說的話。

楊媽媽每隔一段時間，就把小豆豆抱到馬桶上，然後把水龍頭打開，小豆豆聽到水流的聲音，很自然的就尿出來了。大便時間每天是固定的，剛開始小豆豆坐小馬桶，等大一點就直接讓他坐在大馬桶上。

楊媽媽的訓練都是用鼓勵的方式，譬如：上廁所時，讓小豆豆開燈，上完之後讓他沖水，拍拍手給他讚美。所以，失敗的情況雖然有，但漸漸的，成功的次數越來越多了。

小豆豆兩歲三個月，在楊媽媽家除非玩忘了，否則很少尿褲子。不過在家裡可就大大不同，他常常會尿褲子，但該訓練的不是小豆豆，而是他的爸媽！

父母小語

尿尿時開水龍頭，可能是帶孩子的經驗累積；但不時給孩子具有關連性的鼓勵，讓孩子能自然地把該做的事連結在一起，順利地達成制約行為，我想這些恐怕是心理學專家也不易做到的！

這是人生最可貴的教育過程！

學步車

我們原以為是牆壁涼涼的感覺在吸引他，後來才知道，沒有障礙的客廳對他而言，失去了安全感和方向。

六、七個月大的小豆豆，我們開始讓他坐學步車。剛開始他很難控制這連在身體上的怪東西，東撞西撞的，想走一段長一點的距離都很難。爲了讓他好好的練習，我們把沙發、茶几全撤離，讓客廳空盪盪的。

起初小豆豆有些興奮，從這一頭直衝到另一頭，然後再衝回來，臉上充滿了得意的笑容。

可是不一會兒，他便沿著牆壁邊走，即使我們把他拉過來，他還是堅持要靠著牆，我們原以爲是牆壁涼涼的感覺在吸引他，後來才知道，沒有障礙的客廳對

他而言，失去了安全感和方向。

所以，我們的客廳又恢復舊觀，經過多次跌撞，小豆豆已能靈巧地控制他的車。

父母小語

給孩子一條坦途是好的嗎？

選最好的保母，挑教學最周全的幼稚園、小學、國中、高中、大學，讓孩子一帆風順，甚至於孩子的工作我們也預做了安排，這是否就像走高速公路，沒有紅綠燈一路直順？這樣的人生過程好嗎？

還是有時開上高速公路，有時走走省道或鄉間小路，雖然曲折，卻能開闊視野，哪一種路徑比較好呢？我想，自然地讓孩子去經歷障礙、承受挫折，獲得應得的成就，也許一生沒有名利，但卻擁有扎實的生命歷程，這樣應該會比較好吧？

甘願做，歡喜受

每天早上起床後，洗臉常會引發親子間的衝突。不過，洗臉也可以成為親子間的甜點喔！

每天早上起床後，有件事常會引發親子衝突——洗臉。

我很難理解：孩子何以討厭洗臉？

我都是以最溫柔的手法擦拭他的臉，可是小豆豆只要看到毛巾，便會閃躲不已，常常弄得很不愉快。

後來我採取不一樣的方式——我先以毛巾假裝擦自己的眼睛，口中說著：「爸爸擦擦眼，有沒有人也要擦一擦？」

小豆豆就接著說：「豆豆擦擦眼！」

擦完眼睛，再以同樣的方式，我們擦了嘴，擦了臉，擦了耳朵，擦了手……

小豆豆所會的身體名稱都要擦。

今天早上，小豆豆還出人意料地伸出了舌頭，要我用毛巾擦一擦，我也只得裝個樣子，擦一擦他的舌頭囉！

父母小語

不只是大人不喜歡被人強迫，孩子也是一樣。轉個彎，讓孩子心甘情願地「說」自己想要做什麼，一切都會比較容易！

一起做晚餐

他總是黏在瓦斯爐邊，碰碰這個摸摸那個，嚇得我們心驚膽戰，卻怎麼樣都弄不走……

每當做晚餐的時間，小豆豆總會黏在瓦斯爐附近，碰碰這個，摸摸那個，令我們心驚膽戰。嚇也嚇不走，哄也哄不聽，若強勢驅離，他便誇張的大哭，擠出他的淚水，眞不知道該怎麼辦。

有一天，小豆豆的媽媽正在做飯，我仔細的站在小豆豆後面，想知道他究竟要做什麼？

原來他很好奇，想看到菜放入鍋子，那種嘈雜的聲音和白白的煙到底是怎麼回事。於是我抱起了他，讓他看個夠，順勢抓了一些不要的菜葉，拿了一個棄置不用的鍋子和鏟子，交給小豆豆。

從此大鍋熱烘烘，小鍋唏哩嘩啦（小豆豆邊炒邊用嘴巴作音效），親子之間一起做晚餐，不再有斥責和哭鬧聲。

父母小語

小孩子都是無理取鬧的嗎？應該不是，只是我們未能用心了解，他的小腦袋瓜裡究竟要什麼？「親愛的爸媽，我不會說，請您們用心看我手舞足蹈，便知道我要什麼。」我想這是很多幼兒說不出來的內心話。

洗頭歷難記

幫孩子洗頭，就像是做壞人一樣，豆豆總能從頭哭到尾，衣服換好了，還在哭！

我想小孩子應該都是討厭洗頭的，所以，電視的兒童專用洗髮精廣告才會強調：「洗頭，不哭了！」

小豆豆從小就很討厭洗頭，媽咪一個人在家時，一切從簡，能免就免，所以，洗頭的重責大任全由我來負責。

其實洗頭是做「壞人」！

小豆豆比較小的時候總能從頭哭到尾，常哭得我心慌手亂，弄得他滿臉都是泡沫，水也常灌到鼻孔和耳朵裡，眞是狼狽！

後來小豆豆學講話後，情況開始好轉，每次洗頭我們就來個「字彙總複習」，小豆豆只忙著想他曾學過的詞彙，忘了哭，洗頭就順利多了！

父母小語

孩子對於某事的抗拒，有可能是源於之前不愉快的經驗。為了使孩子和我們之間的衝突減少，父母應該不斷去創造美好的經驗。「洗頭」也有可能成為快樂的事，試試看！

故事書

小豆豆對每一本故事書都有奇特的情感和記憶——看到梅花鹿的書，他就會說：好漂亮……

小孩子的記憶是很特殊的。我們和其他父母一樣，買了許多適合幼兒看的書，小豆豆每過一陣子就會把書從架子上搬下來，要我們講給他聽。

由於我和媽咪的講法不一樣，小豆豆對每本故事書都有奇特的情感和記憶。例如其中有一本是一個小朋友打著赤腳，看到那本書，他一定先翻出那一頁，用台語說：這個小朋友打赤腳。看到梅花鹿，就會說：「好漂亮！」若是拿到介紹消防車的書，他便「嗚、嗚」地叫個不停……

孩子用怎樣的角度去看他的故事書，和大人給他的訊息有關。

引導孩子認識這個世界的同時，我們也期許孩子有一顆包容的心，能廣納不同的訊息，接納別人不同的理念。所以，在生活裡，我們都希望給他更大的空間和更少的約束。

父母小語

在成長的過程中。孩子是我們最好、最直接的老師。許多人格特質確實是先天所主宰，但我們也不能否認，一個家庭的教養風格，也會影響孩子終生受惠或受害。

真正愛孩子，便要用心的成長我們自己！

分享所有

小豆豆有了自己的人際網絡之後，就不再喜歡受支配，而喜歡別人同他一起喜、怒、哀、樂……

小豆豆滿兩歲之後，他的人際關係漸趨熱絡，他不再喜歡受支配，而處處想位居主導的地位。

譬如：吃東西他一定會把東西送到每個人手裡，得到讚美後，才會坐下來自己吃，上廁所也邀別人一起去，睡覺、穿衣、穿鞋更是要陪他裝模作樣，若有不從，便會一直重複他的話，直到我們屈服爲止。

有一天，他在看卡通，他喜歡的唐老鴨做出一些讓他高興的動作，他笑了，發現這些大人們沒笑，就一一點名。

「爸爸笑！」

「媽媽笑！」

「姑姑笑！」

「姑丈笑！」

「哥哥！」

可是哥哥就是不笑，這位哥哥專注地看卡通，不肯理睬小豆豆，小豆豆於是賴在哥哥身旁不走，直嚷著：「哥哥笑！哥哥笑！」

眼看著情勢可能要轉變成兩敗俱傷的鬧劇，二姑很有技巧的開口了：「你看看小豆豆的門牙，像不像你小時候？」

專注的哥哥把視線從電視螢幕轉到小豆豆臉上，小豆豆堆滿了笑要哥哥笑，哥哥忍不住就笑了出來，小豆豆高興地拍著手，轉了好幾圈，才跌到地上，大家這時可眞的都笑了！

小豆豆從地上爬起來，請出來他的寶貝。有杯有盤，要每一個人都拿在手上假裝吃、假裝乾杯。這些哥哥們可沒太多耐性陪小公子假來假去，看在我們這些大人眼裡，又是一道腦筋急轉彎的題目了！

父母小語

大的孩子若被強迫去順服小的孩子，一定會產生不好的感受。

如何技巧地延續歡笑氣氛，避免踩到地雷，造成大、小孩之間的尷尬與衝突，是父母必修的智慧喔！

包尿布的大人

小豆豆有模有樣地學「包大人」，拿到東西就往桌上打，看我們一臉驚惶就哈哈大笑……真是不勝困擾。

電視上有陣子在演「包青天」，小豆豆對這位黑臉的包大人特別有興趣，尤其看他拿著「驚堂木」拍桌子，小豆豆更是崇拜不已，一有機會拿著東西就往桌上拍打，看到我們一臉驚惶就哈哈大笑，即使在吃飯時間，他也會突然來一記「拍桌」開堂，眞是不勝困擾。

有一天吃晚餐時，小豆豆把盤子打翻了，他看到我「啊」的一聲，興奮地跑掉。媽咪拿著抹布要擦小豆豆身上的菜湯，小豆豆東跑西躲的不肯就範，媽咪就喊著：「包大人快來吧！」小豆豆把視線轉向電視，收斂起嬉鬧的情緒，媽咪拉著他，把他臉上、身上的菜漬擦乾淨，還開玩笑地和小豆豆說：「包大人要開庭囉！包尿布的大人要抓壞人囉！」

小豆豆已經忘了包大人，直嚷著：「媽媽！尿布！尿布！」要媽咪幫他包尿布。

父母小語

孩子的注意力和觀察力往往超出我們的想像，即便只是偶然的一個景象，都會深刻地留在他的腦海，並加以模仿。

若父母給予增強的訊息（驚訝、責備、讚美），都會讓孩子強化他的行為，不斷的繼續下去。

若父母不當一回事，或轉個彎轉移孩子的注意力，只要孩子的注意力轉變了，前面的行為自然不用糾正，也不會再發生了。

二、美的生活

「美」即是一切的「善」，由我們內心升起歡喜的雲彩，讓孩子自然地接納學習。無悔、無怨，陪孩子在人生途中走一段用「善」串連的生活，用「美」形容的生命。

小豆豆的家

小豆豆尚在娘胎的時候，我曾發下豪語，未來孩子玩的玩具，一定都要自己動手做……

小豆豆尚在娘胎時，我曾發下豪語，未來孩子玩的玩具，一定都要自己動手做，這個願望大部分都落空了，因爲事情沒想像的簡單，但是，有些玩具還確實是我們自己做的喲！

小豆豆學爬的時候，我們便向附近的電器行要了一個洗衣機的紙箱，配合小豆豆的高度和需要，割了窗、挖了門，並將米老鼠、唐老鴨、布魯托貼在紙箱上，樣子雖簡單，小豆豆卻很喜歡。

不過，等到小豆豆會走路時，這個小紙屋就有點不好玩了，我四處拜託電器行，想找一個大冰箱的外殼。我的構想是做一個兩層的紙屋，爬到上層還有個滑梯可以往下溜。我反覆在紙上畫草圖，用硬紙板做模型，並排除一些可能的困難，萬事俱備只欠理想的紙箱。

等不到自己想要的紙箱，只好退而求其次，從我二姊家拿了一個大型洗衣機的外箱，三人六隻手，花了兩個多鐘頭，一間有花有草，有阿拉伯數字，又有看圖說故事的多功能紙屋就誕生了。小豆豆愛極了他的家，常躲在他的小屋裡，推開窗戶和我們打招呼，有時我們也會受邀到裡面作客呢！

父母小語

我們想為孩子的童年留下什麼樣的記憶呢？

我想，再多、再好的玩具，都無法留在孩子的記憶裡。唯有父母真誠的陪伴，一具廢電話、一個空箱子，都會有無可比擬的價值！

小天使的新衣

小豆豆的小身體穿上大襯衫，在田徑場的紅跑道上格外鮮明，興奮地跑來跑去。

在一個夏日的黃昏，下班後，我接了小豆豆就直接帶他到體育場玩。因爲忘了爲他帶件薄外套，所以我就把自己的襯衫反披在小豆豆身上，並由後把釦子扣上。小豆豆穿上這件大襯衫，在田徑場上的紅跑道上格外鮮明，許多人都很好奇，待走近一看，才知道這件小天使穿的長袍，原來是件大人的襯衫。小豆豆也覺得很新奇，興奮地跑來跑去，直到夕陽西下，才帶著欣喜的心情坐上鐵馬。

回到家時，媽咪已經因爲久候而有些擔心了。我開玩笑說：「我們經過天主堂，神父正在分發唱詩班的外袍，因爲多了一件，所以就送給了小豆豆！」忘了戴眼鏡的媽咪睜大了眼睛，以讚嘆的神情看著這位小天使飛入家門。小豆豆有模有樣地在客廳、房間轉來轉去，展示這件小天使的新衣。

待要洗澡時，媽咪才發現，小天使的新衣原來是爸爸的襯衫，她口中還不停地唸著：「好像，好像……」

小豆豆聽了，疑惑地說：「大象？」惹得全家在浴室裡笑成一團。

父母小語

生活中的幽默感是調劑人際的潤滑液，凡事不必太計較。在生活中做幾個曲折的場景，單調的家庭中也會有天使來訪喔！

大象

看過真正的大象，小豆豆開始很認真地去辨識各種不同的動物。

大象是小豆豆最先認識的動物，也是最喜歡的動物，原因有幾個；一是音樂帶中有一首大象的曲子，我們常放給他聽；二是動物圖片中大象的樣子很吸引他；三是我們曾經帶他到木柵動物園看過眞的大象。

看過眞的大象，對小豆豆來說很有啓發，他開始很認眞地去辨識各種不同的動物，有一次我們到一間鳥園，他竟然可以毫不猶豫地指出大嘴鳥、鸚鵡、白鶴、天鵝、鴕鳥、猴子……

我們一直在思索：圖片和實際動物差異甚大，大人有時都會弄不清楚了，一個兩歲的孩子爲什麼能分辨得那麼清楚？眞是不可思議。

這個經驗給了我們很大的啓示，帶孩子看實際的動物，他才能了解眞實的樣

子。也只有真確地讓他用眼、用手、用耳、用口、用鼻去知覺，孩子才會了解圖片中的東西都是活的，都是真的。

現在小豆豆長大了，上了好幾次動物園，他就像一位好學不倦的追尋者，和這些動物有著會心的對話。沒有人知道他在說什麼，但看他樂不可支的樣子，我的心就會響起「歡喜就好！」的旋律。

父母小語

我們其實也不知道該如何教小豆豆，看了很多書，聽了許多專家的建言，都難理出個計畫。不過我現在心中最佳的理念，就是不斷地帶著小豆豆看山、水、草木、鳥獸、蟲魚、風雨。

我們期許能讓他用自己的感官去知覺和體驗屬於自己的人生。

溜滑梯

想到要幫孩子做所有玩具的夢想一直沒有辦法實現，心中就隱隱作痛。

溜滑梯是小豆豆學會走路之後，我一直想要做給他的玩具，我設計了多張草圖，希望能做一個具有多功能用途的溜滑梯。

我嘗試用廢棄的床舖改裝成溜滑梯，因爲太笨重且佔空間而作罷。後來我想要用冰箱的紙箱（骨架）加上塑膠管（滑道），下用另一紙箱做成球池，設計圖上幾近完美；但一直找不到適用的冰箱外殼而閒置。

有一天，行經木材行，我駐足多時，媽咪看出我的心事，問我何不買一個現成的，就不用傷腦筋了。我也曾在販賣塑膠溜滑梯的商店猶豫不決，最後仍然空手而返。想到我要爲孩子做所有玩具的夢想一直沒有辦法實現，心中就隱隱作痛。

我曾一再告訴自己：「這項玩具我絕不輕言放棄！」

小豆豆兩歲多了，不知何時才能讓他從我做的溜滑梯上滑下來。

父母小語

在孩子身上，我們可能都會有類似的遺憾。溜滑梯雖然至今仍是個空想，但是我寧可永遠美夢難圓，也不願輕易地用粗劣的製品換走我心底的夢想。

總有一天，總有一天我會為他做一個溜滑梯！

想到這裡，小豆豆歡愉滿足的笑聲似乎就在耳邊。

扭扭車

剛開始，我們覺得那麼小的車怎麼坐得了兩個人？現在，這台小小的扭扭車活脫是我們家特有的「飛毯」！

二姊在兒童節時送給小豆豆一部扭扭車，因爲他的手腳尚不足以操作這部車子，但他又很想玩（他的表哥們也都各有一部），一直吵著我們要陪他坐在那小車上。

剛開始，我們覺得那麼小的車怎麼坐得了兩個人呢？而且小豆豆一起坐，一不小心腳就會被晃動的輪子壓到，其實滿危險的。但小豆豆就是很堅持他的想法，我只好想辦法啦！

我把扭扭車搖動的扶手，加上一個用繩子編的網狀置腳袋，讓小豆豆把腳放在上面，坐的位置上再放一個椅墊，原來不可能的事，已經都變成可能了。我和媽咪常坐著扭扭車，前載小豆豆，從客廳到廚房，或到書房，那份滿足感眞像是坐在飛毯上一般！

父母小語

我們常以大人的觀點拒絕孩子的要求。

孩子有時候的確會有一些無理要求，若我們能以實際的行動讓孩子知道他的想法確實難以實踐，不管孩子的年紀是大或是小，相信他們都會心悅誠服地接受事實。

不過，在親子共同嘗試的過程中，往往都會迸出智慧的火花，把問題解決！

喪家

小豆豆經過喪家時之所以緊張，原來是受到那高分貝的尖銳聲音的驚嚇……

在我成長的經驗中，我很怕遇到喪家，每次經過喪家或遇到送殯的車隊，心中就覺得很不舒服，甚至還會頭痛，學佛之後才漸漸放下這種感覺。

有幾次，小豆豆經過喪家時會顯得很緊張，有時又若無其事，後來我才察覺到，小豆豆是受那高分貝的尖銳聲音驚嚇，而非因爲附近有喪家。爲了讓小豆豆安心，我必須克服成長經驗中給我的陰影！

所以，只要經過喪家，我都會恭敬合掌，口唸：「阿彌陀佛！」小豆豆也會學我說：「佛！」然後很安靜地走過那附近。

從此我發現自己不舒服感沒了，頭也不會再痛了！

父母小語

人的往生是件自然的事，但我們有很多避諱和禁忌，這些是上代父母給我們的暗示，若我們未經學習和改變，又把這些禁忌傳給我們的孩子，是不是會對孩子造成不良的影響呢？

諸如其他管教的態度，生活的習性，我們都應時時覺察，過濾不適宜的觀念，把最好的留給我們的孩子，別讓負面的包袱影響了他們未來的健全發展。

新床

小豆豆每天睡前，至少有一個小時在玩翻山越嶺和騎馬打仗的遊戲。

小豆豆滿兩歲之後，由於長高了，我們不便再委屈他睡在遊戲床，決定重新爲他佈置新窩！爲了他的新窩該放在哪裡、該怎麼佈置，我們討論了很多次，我決定，讓豆豆跟著我們同房共寢。

我們的理由是小豆豆還小，我們希望他得到父母更多的照顧，讓他不致失去安全感。再者，我們希望他養成簡單樸實的生活，漂亮的床和被單雖然可以刺激孩子的視覺和觸覺，但簡樸的環境更能給孩子穩定和安靜的暗示。

不過這些決定，給了我們難以成眠的困境！

小豆豆每天睡前至少有一小時是在玩翻山越嶺（翻爬在我們的身上）和騎馬打仗的遊戲，設法讓他睡著，成了每天睡前必上的晚課。斥責和說理對他而言是無效的，唯一能做的恐怕就剩不予理會，任他自己去玩了。

有時我們先睡著了，半夜醒來，常會找不到他身在何處。他的睡姿更是千奇百怪，夜半細細端詳，也眞是件趣事。

父母小語

我常在想：在小豆豆未來的成長過程中，可能還有許多類似現在的疑慮——怎麼做才最有利於孩子的成長呢？

我可以確定任何答案都不是絕對的，只要我們時時都存著一顆真誠關懷的心，樸實的天地也會有彩虹添輝。

小舅舅

小豆豆總會拉著小舅的手，四處串門子，小舅舅便像他的護衛，帶他穿門過戶。

小豆豆有兩個舅舅，大舅於警界服務較忙碌，很難得一起回斗六，小豆豆比較熟識的就是小舅舅了。小舅舅結婚前住家裡，假日常陪著我們四處遊玩，結婚後舅媽家就在附近，又多了串門子的地方。小舅舅不善言辭，但很有孩子緣，小舅媽則很親切，這對夫妻是鄰居們的好朋友。

每次我們回斗六，鄰居便會到家裡來探望，小舅舅、舅媽也會趕回來，小豆豆會很友善地和他們「親親」（臉頰相互碰一下），然後小豆豆就會拉著小舅的手，開門要到叔公、伯公家，有時也會要去找姑婆，小舅舅便像他的護衛，帶著他穿門過戶，去和親友及鄰居打招呼。

這份濃厚的鄉情很令我感動。我常在想，以目前社會的情況，過不了幾年，孩子除了爸媽、阿公、阿媽的稱謂還會使用之外，其餘伯叔舅嬸之類的稱謂，恐怕只有在書本上才能見得到了，「小舅舅」在豆豆的記憶裡，就是陪著他成長的長輩啊！

父母小語

讓孩子多去親近我們的親戚和他們的孩子，對我們而言，有著很大的意義。

小豆豆雖然是獨生子，但在血緣人脈裡，他卻不孤單。

讓孩子的成長日記中，有著多采多姿的人物，可供他描述和回憶，豐富他的人生經驗，這是可遇而不可求的人際關係！

阿公

聽到鄰人說：「沒雨啦！」阿公便和小豆豆高興地衝出來，跨上腳踏車揚長而去。

在春雨綿綿的假日裡，我們等不及雨停或稍不塞車的隔日，便和數不盡的車輛一起在高速公路大排長龍，每次連續假日回斗六，幾乎沒有一次是順暢的。即使如此，我們仍然期盼著下次回家的日子。

小豆豆還不懂得什麼是時間，只會用片段的詞彙，阿媽、阿公、大溪、斗六地掛在嘴邊。

只要我們提到大溪阿公，他便會用大拇指和食指比一個鳥的樣子說：「阿公看小鳥！」因爲我家附近有一家人養了幾隻九官鳥掛在門口，阿公常抱著他去散步看鳥。若我們提到斗六阿公，小豆豆也會很興奮地跑到我畫的石頭前，指著畫中的石頭說：「阿公看烏龜。」

春假回到斗六已是晚上九點了，次日天下著雨，小豆豆直嚷著要阿公用腳踏車載他去看烏龜，阿公走進走出，等不到雨停，聽到鄰人說：「沒雨啦！」阿公便和小豆豆高興地衝出來，跨上腳踏車揚長而去，阿媽站在門口嚷著：還有一點毛毛雨，要趕快回來！阿公的「好啦！好啦！」夾雜著小豆豆的笑聲消失在巷口。

父母小語

「阿公」在我的記憶裡是威嚴的，距離遙遠的；但在小豆豆的記憶裡，「阿公」可能是個長了白頭髮的大玩伴吧！

給孩子這些珍貴的生活經驗，恐怕要勝過萬貫家產了。

阿媽

小豆豆稍能認人時，最喜歡的就是「阿媽」，每次回斗六，都會流露出期盼的神色。

孩子的直覺是很微妙的。小豆豆稍微能辨認人時，他最喜歡的稱謂就是「阿媽」，由於我們在板橋工作，帶他回斗六及大溪，眞正見到阿媽的機會不多。但是每次說要回阿公、阿媽家，小豆豆便很自然地流露出期盼的眼神，在車上也都很乖，即使大塞車，坐七、八個小時的車，他也很有耐心地等待，沿路只要停車或下車，他馬上精神振奮地高喊「阿媽」！

在將回到家轉入巷子時，他便會高興地站在座椅上，兩眼盯著車窗外，唯恐錯失了阿媽出現的時刻。等眞正到了家門口，通常阿媽都候在門邊，車子一出現就會出來打開車門，把小豆豆抱入屋內，小豆豆幾乎每次都是「撲」進阿媽的懷裡。

祖孫兩人的頭幾乎碰在一塊，歡愉的神情要好一會才會輪到等在一旁的阿公，屋裡的燈和心都因小豆豆的回家而熱絡起來，阿公和阿媽也都輪流把寶獻出來。阿媽若趁機要溜到廚房做飯，小豆豆便放下一切跟到廚房，兩位老人家都很了解他要什麼，便切了一些菜，並把珍藏了多時的專用廚具搬出來，我們樂得偷閒看報紙，只聽到廚房裡不時傳來「阿媽！阿媽！」和祖孫的連連笑聲。

父母小語

每次回到家，雖然我和媽咪的重要性變得很微小，但是，除了溫馨的感受之外，還有數不盡的感恩。

我們何等有福報，雙親都還健在，能真正讓我們感受天倫之樂。

我們也十分珍惜每個能回家的假日，因為我們深刻了解：「無常」的腳步總是無聲的接近著我們，每次歡聚，我們都非常的珍惜，誰知道這次之後，還會不會有下次呢？

小椅子

我們很擔心錢會不夠，但小豆豆坐在小籐椅上，一副幸福的樣子，真有些不忍心空手而返了。

有一個晚上，我們到街上買東西。路經家具行，店門口擺了許多小孩子用的小籐椅。小豆豆拉著我們的手，要過去坐那些可愛的小椅子。我們也沒堅持，便順了他的意，他試了這張又換坐那張，我們和老闆就站在那兒看他。出門前，我們並未想到要買椅子，很擔心錢會不夠，所以，一直暗示性的跟小豆豆說：這些椅子等他大一點再買。可是當他坐在一張有靠背的小籐椅上時，雙腳一縮齊放在椅上靠坐，一副幸福的樣子，真有些不忍心空手而返了。

我們和老闆議價之後，以身上僅有的錢，兩百五十元買了這張椅子，原來想買的東西只好等下次啦！

回到家，小豆豆迫不及待地要坐他的寶座，當他得意洋洋地坐在「他」的椅子上時，喜悅之情流露無遺。從此小豆豆就在這張椅子上餵飯、看電視、穿鞋子，甚至還把它當成一項玩具，在扶手下鑽來鑽去，爬不出來的時候當然會哇哇叫囉！

父母小語

讓孩子擁有自己專屬的東西，原來有這麼奇妙的效果！

從此小豆豆常會把東西依「小豆豆的」、「爸爸的」、「媽媽的」來分類。

尊重別人的所有權是很重要的，我們不知道如何教導小豆豆，只能由尊重小豆豆的東西開始做起。

腳踏車

我常想，每天花一些時間，無牽無掛地陪妻小一起散步或聊天，是很困難的事情嗎？

我們家除了有一部中古車，還有兩部腳踏車，其中一部配備齊全，是我們三人常共騎出遊的交通工具，小豆豆坐前面的兒童椅，我騎，媽咪坐後座，我們只要騎在車上，便有一種幸福的感覺。

我們經常在黃昏時一起騎車到體育場散步，黃昏的田徑場裡有大人也有小孩，大部分都是媽媽帶著幼兒來這裡玩，能夠全家悠閒地把時間用在吹晚風的卻很罕見，我們夫妻都是公教人員，物質生活雖然說不上享受，卻擁有金錢難買的閒情。

我常想，每天花一些時間，無牽無掛地陪妻小一起散步或聊天，是很困難的事情嗎？每當我想到這裡，便會驚覺到體育場周遭永遠川流不息的車流和匆忙的人群，這似乎給了我最好的答案：「是的！在忙亂的社會裡，要空出時間已經很難了，更何況是心靈呢？」

想到這裡，心中便升起感恩和珍惜的暖流，在諸多不易中，我們卻能偶爾擁有，真是很幸福呢！

父母小語

「佔有」和「享有」有時是很不易分清楚的！同樣是「有」，一個是負擔，一個是享受。

我常叮嚀自己，一定要遠離追名逐利的洪流，否則我將失去現今「享有」的自在，我也常有貪求大車子、大房子的念頭，但我很清楚的告訴自己——有了那些就沒有此刻悠閒的心情了！

三、智慧的花朵

「善解」煩惱，「包容」孩子，「知足」擁有，「感恩」一切。
我們將在生活的困境中，栽培出智慧的花朵。

烏龜和石頭

我很勉強擠進紙屋，才發現石頭畫由下方往上看，真的像一隻隻烏龜在曬太陽！

我們家裡的牆上掛滿了我自己的油畫，小豆豆對其中一幅山水畫特別有興趣。有趣的是小豆豆把畫中的石頭看成烏龜，常弄得我們啼笑皆非。

長久以來，我都以爲小豆豆是因爲看圓圓的石頭和烏龜的形狀很像，所以才會誤認。

有一個下雨天，在車陣裡勉強擠回家。小豆豆聽到了開門聲，高興地衝到門口，也不管我手裡還拿著東西，下半身濕答答的，拉著我的手指，很堅持要我跟他走。我一身狼狽，好言相勸，加上比手劃腳，想讓這位小霸王知道他老爸現在不能陪他玩，必須去換件褲子。

好不容易說服他放下小手，可是他一路從客廳到書房，再跟到房間，等我進入浴室，偷偷的回頭，這個小孩還眞有耐心，手扶著浴室的門，眼巴巴地望著我。

「好，我服了你！走啊，看你要做什麼？」我把手交給小豆豆。他很高興的拉著我，來到了他的小紙屋（洗衣機的外箱做成的），很不客氣的叫我：「進去！」

我很勉強地擠進紙屋，小豆豆隨後跟著進來，他心滿意足地指著頭頂上的山水畫，口裡直嚷著：「烏龜！烏龜！」

「喔……」原來這幅畫由下方往上看，石頭和光影相連，確實眞像一隻隻烏龜排排站在那兒曬太陽！

從這紙屋裡看到的天地果眞是大大不同！從此我們夫妻便常接受城堡主人的邀請，擠成一團共同欣賞「烏龜曬太陽」！

父母小語

輔導專家告訴我們：要蹲下來和孩子一般高，我們才可能清楚地了解孩子的「視界」，才能「同理」他們內心的感受。

當孩子把石頭當成烏龜時，若我從未蹲下來，恐怕永遠也難以理解。孩子的世界也將因此披上了一層紗，看似清楚，但永難真確。而孩子也會覺得父母的認同只是應付他，要他不要吵鬧而已。

巷仔長

小豆豆每天都要挨家挨戶去串門子和小朋友玩，贏得了「巷仔長」的綽號。

楊媽媽住的地方是一條彎曲狹窄的巷子，住戶都是十幾年的好鄰居，差不多每家每戶都彼此熟悉，小豆豆常拉著楊媽媽到鄰居家找大偉、大冠、漢堡、堯堯……

好幾次在假日我們帶小豆豆到市場，沿路都有媽媽或小朋友和小豆豆打招呼，小豆豆也一一回應著這些我們不認識的人：阿姨、阿婆、阿伯、阿叔、哥哥、姊姊……我們夫妻也似沾了小豆豆的光，和這些人結了善緣。

有一天，我們去接小豆豆，剛到巷口就有人在喊：「『巷仔長』的爸媽來囉！」

巷仔長？

我和媽咪都很疑惑，問了楊媽媽之後，才知道小豆豆在這條巷子很有人緣又不怕生，每天都要挨家挨戶去串門子，和小朋友玩，所以才有「巷仔長」的綽號！我們聽了備感溫馨，更珍惜和這條巷子鄰居們所結的好緣。

回到家時，我和媽咪沾沾自喜，有這麼一個有人緣的孩子，媽咪很慎重的說：「這是沾了楊媽媽的福，小豆豆才有好人緣。」

是啊！楊媽媽爲人隨和，廣結善緣，小豆豆才討人喜歡嘛！

父母小語

這件事讓我深刻省思：所有的善，都是眾善因緣之聚合；所有的惡，也非一朝一夕所形成，我們應該時時刻刻與人廣結善緣，這樣我們的孩子才能處處受人歡迎。

謝謝不氣

小豆豆的說話能力進步很多，已經會說謝謝了，還把「不用客氣」說成了：「謝謝不氣！」

我們家的鞋櫃旁放有一張小籐椅，那是特別爲小豆豆穿鞋而準備的。要外出時，只要穿好襪子，小豆豆就會跑去坐在那張椅子上，準備讓我們爲他穿鞋。每次穿完鞋子，我們都會對他說：「謝謝爸爸（或媽媽）！」他都會跟著說，然後我們再說：「不用客氣！」

最近小豆豆的說話能力進步很多。有天早上，我幫他穿好鞋子，還來不及教他說謝謝，他便自動地講出口，而且還把我們回答的不用客氣一併說出，雖然含糊不清地聽到：「謝謝不氣！」但也很讓人高興，美好的心情就這樣展開囉！

父母小語

一聲「謝謝」，就讓父母心花怒放，似乎有些小題大作；不過這件事給了我很大的覺醒——父母是孩子的模範。孩子大部分的心智、人格都受到父母的影響，父母就是最重要的老師，我們可別把孩子教「輸」了喔！

穿舊衣

給孩子穿舊衣，是為了從生活中給他扎實的教育，但偶爾讓他穿新衣，獲得別人的讚美，其實也不錯。

在台灣的鄉間，有一種「囝仔撿別人的衫穿較好帶」的說法，在我們兄弟姊妹的小孩中，小豆豆是最後出生的小孩。在他之前，有九個小孩留下來的舊衣服，東揀西挑之後也還有好幾個紙箱。小豆豆出生後的前半年，幾乎沒買過衣服，只要有得穿又沒人嫌，我們也就不在意的讓小豆豆穿舊衣。

有一次外公、外婆自斗六來看小豆豆，幫他洗完澡，在衣堆裡竟找不到一件合意的衣服。他們很不以爲然地悄悄告訴媽咪，小孩只有一個，買新衣服也花不了多少錢，不要爲了省錢，讓保母感覺像在帶乞丐的小孩。

我們商議後覺得也有道理，便把舊衣留在家裡平常穿，外出另購置一些新衣。買衣服的花費實在不多，給孩子穿舊衣服也非爲了省錢，只想從生活中給自己及孩子扎實的教育：每樣東西棄置前一定要讓它發揮最大功能，即使已無法使用的衣物，我們也會清洗乾淨把它送到舊衣回收中心，而不把這些可能被再利用的衣物當成垃圾。

父母小語

「生活即教育」落實在自己的家庭裡應是最重要的。

穿漂亮的新衣，讓孩子喜歡被親近，能獲得別人喜歡和讚美，其實也是不錯的！

平常穿舊衣，偶爾換新衣穿的時候，心情就不一樣囉！舊衣、新衣都是好衣服！

講故事

每次講故事時，連媽咪都聽得津津有味，可是小豆豆卻不當一回事地只顧自己玩。

爲了能讓小豆豆睡前聽故事，我特別買了一本格林童話。我有個本事，就是故事書看過一遍，馬上就能活靈活現地講出來，每次講故事時，連媽咪都聽得津津有味，小豆豆則不當一回事，只顧自己玩。我想他可能還太小吧，聽不懂這麼複雜的故事。

於是我決定自己來編故事，這些故事有的是東湊西拼，有的是我自己改編的，其中幾則最能引起小豆豆共鳴的如「蝌蚪變青蛙」、「鸚鵡學說話」、「大嘴鳥要跳舞」。

我發現小豆豆根本不是被我的故事內容吸引，而是喜歡我講故事時誇張的語調和動作，例如有幾次我講到青蛙跳下水，「撲通！撲通！」又「撲通！撲通！」小豆豆竟然笑得人仰馬翻，許久爬不起來，說到鸚鵡學說「不客氣」，說成「不！不！不！」大嘴鳥跳舞「卡！卡！卡！」大嘴巴太重撞到地上了：「卡！卡！」又「卡！卡！卡！卡！」的，小豆豆只要聽到這裡就笑翻了！

每天晚上青蛙都會跳下水、鸚鵡總是「不！不！不！」、大嘴鳥還是「卡！卡！卡！」小豆豆很捧場，每天晚上一定笑得東倒西歪。

父母小語

孩子為什麼會笑？可能覺得這些重複的用語實在太有趣了，也可能是講故事時的表情太滑稽了。

但不管怎樣，只要逗得孩子笑，做父母的實在沒有比這更值得欣慰的了。

我默默許下願望——不管孩子怎樣，我都要用歡笑陪他一起成長。

打掃

小豆豆雖然沒掃到什麼東西，但他的每一個動作，都純熟得不假任何思索！

週末我們回大溪探望阿公、阿媽。

小豆豆可能常看楊媽媽打掃，對掃把、畚斗、抹布之類的打掃用具特別有興趣，常拖著一根大掃把，這邊撞、那邊撞的。阿媽看了十分心疼，特地去買了一套迷你掃除工具給小豆豆，他專注的打掃模樣十分逗趣。

小豆豆雖然沒掃到什麼東西，但他卻很有那麼一回事地用畚斗去盛，然後拿畚斗倒入垃圾桶裡，最後，伸直了腰休息一下。動作純熟得不假任何思索。

「有人教他打掃嗎？」阿公很訝異地問。

「沒有啊！可能是常看保母打掃，看多了自然就會了。」我說。

「看他的樣子，很像大人在做事！」阿媽說著，大家都哈哈大笑，小豆豆也舞

著掃把跟著大家一起笑呵呵。有時這個小傢伙會得意忘形，學大人要拿掃把清理天花板。天啊！恐怖的災難片就要開始囉！大人們，安全帽要準備好，有支掃把隨時都要打下來囉！

父母小語

孩子的學習是那麼傳神和精確，我們的一舉手、一投足，都難逃孩子的眼睛。

給孩子最好的教育，應該是從端正我們自己做起。

智慧

小豆豆欣然地讓楊媽媽帶走了，留下了若有所失的我們……

暑假快結束了，小豆豆回到了台北，因爲他已經習慣了穿門過戶，四處玩樂，回到家就吵著要開門出去。我們兩個人可眞是團團轉，不得片刻安寧。一方面爲了使小豆豆趕快回復以前的生活形態；另一方面「我們」（應該說是媽咪）眞有些疲累了，想趕快準備開學後的功課，我們便提早送小豆豆到楊媽媽家。

楊媽媽接到電話，表示馬上過來接小豆豆。因爲有一段路，我們表示用腳踏車載過去。楊媽媽卻說：「和小豆豆許久沒見面，若從外面往家裡送，他一定會哭鬧。若我來接，小豆豆以爲要帶他出去玩，就不會拒絕，會很高興地跟我走。」

果然，小豆豆欣然地讓楊媽媽帶走了，留下了若有所失的我們。

父母小語

「智慧」是什麼呢？用細膩的心來觀察我們的生活，讓孩子毫無抗拒地在歡喜中成長，對父母而言，這應該就是為人父母的智慧了。

三輪車

小豆豆剛學會走路不久，我們就買一部三輪車送給他，這卻開啓了我們的驚魂記！

小豆豆剛學會走路不久，我們就買了一部三輪車給他，他雖不會踩動，但會用腳來推動三輪車前進。

剛開始，他總喜歡駕著他的愛車，到廚房看媽咪做家事；到書房看我整理資料，十分得意。待小豆豆熟悉了他的三輪車，騎來騎去已經無法滿足他的需要。

有一天，他把鋪在地上的軟墊放成一堆，然後騎車輾過，他覺得很有成就感。之後，他又把書本、木板鋪成橋梁，把軟墊放在兩張椅子之間做成山洞，並要我和媽咪陪他一起騎車，或跟在他車後跑步。

後來他還更具巧思，支配我們搬這個、鋪那個，客廳似乎成了各種雜物堆砌的垃圾場，但這也是小豆豆的快樂天地。

小豆豆這些把戲耍膩了，開始學體育場大孩子玩越野車的模樣。一會雙腿高高蹬起，一會兒雙腳站在坐墊上，我們沒注意時他竟把雙手放開，表演高空特技！天啊！我幾乎每次都嚇出一身冷汗。後來索性將家中地板全鋪上軟墊，一顆摔了幾次的「黑青豆」，終於也慢慢學乖了！

父母小語

什麼是好玩具呢？我想應該沒有定論，酒瓶蓋、空罐子、破襪子……只要我們能用心陪孩子玩，都能玩出智慧，玩出歡樂。

無常

小豆豆睡到九點多都未醒來，摸頭有些溫熱，拿溫度計量了一下——三十九度半！

小豆豆剛滿兩個月，我們很高興的帶回大溪給阿公、阿媽看。傍晚回到台北，小豆豆牛奶沒吸完就睡著了，我們心想大概玩累了，也不以爲意。沒想到他睡到九點多都未醒來，摸頭有點溫熱，拿溫度計量了一下——三十九度半！這把我們都嚇呆了。

我小時候曾患腦膜炎，對於發燒深感戒慎恐懼，因此我們理理東西，冒著大雨便送小豆豆到醫院就醫。媽咪一直以爲六個月以下的嬰兒有免疫抗體，所以不會生病，路上也不緊張，等到了板橋的亞東醫院急診處，因沒空病床而拒收時，媽咪才警覺到嚴重性。在轉送台安醫院途中，我看到她暗自流淚，一路上沉默不語。

到了台安醫院，細心的醫護人員爲小豆豆打點滴退燒，爲取尿檢驗直等到凌晨三點。醫師囑咐我們先帶小豆豆回家，翌晨再掛門診。

這一夜，我們在憂心如焚的煎熬下度過了。

早晨的門診幸有熱心的醫師及護士幫忙，很快地安排了床位，護士脫下小豆豆的衣服，連襁褓一起交給我們，然後告知有關事宜，並輕輕的說：「你們可以走了，有事我們會聯絡你們。」

我們在加護病房外愣了許久：「我們可以走了？」

空空的包巾和用具拎在我們手上，像有千斤重一般，在車上，我以澄清和覺醒的心，告訴媽咪：「不管小豆豆怎樣，我們都要懷著感恩的心，感恩這份曾經擁有的因緣，無常是不可避免的考驗，我們要以清淨和無畏的心來面對和承擔。」

小豆豆住院九天，經歷了多次苦痛和難關，我們都以這樣的平常心面對，把手上該做的工作一一完成。

父母小語

人生有很多不可避免的苦痛，若我們能有吃苦的準備，這些無常的苦痛就不會讓我們不堪承受。

人生是無數歷練的過程，無畏的面對一切，將是我們未來要努力學習的。

兩束鮮花

每次有人來看小豆豆，都會帶兩束花，一束給護士站，一束給小豆豆……

小豆豆因發燒住院，我和媽咪都要工作，白天無法去探視他。慈濟功德會的師兄、師姊偶然聽說小豆豆住院，每天的探視時段都有人去看小豆豆。

在台安醫院幼、嬰兒加護病房裡有一、二十張床，在各項照顧上都很周全。但是小豆豆因食量小，餓得快，常被護士阿姨稱為「哭包」。在那裡哭聲是很正常的，住院兩、三天後，有位護士小姐在我們去探視時，告訴我們小豆豆現在已經不是「哭包」，因為別床餵一次奶，他都特別餵兩次。

我們很感動地向她們致謝，她們有些不好意思的說：每次有人來看小豆豆，都會帶兩束花，一束給護士站，一束給小豆豆。來看的人都穿西裝或深藍旗袍，謙和有禮，後來才知道他們都是慈濟委員，令她們十分敬佩。所以，都會不自覺地特別照顧小豆豆。

九天住院期間，小豆豆幾次禁食檢驗，體重非但未減輕，出院時還增加了一公斤多，心中眞是無限感恩這些護士阿姨們。

父母小語

何等的感恩自己是如此有福報，有殊勝因緣能親近這些奉獻己力的慈濟菩薩！

也因此事，我深刻感念，此生一定要遠離諸惡、親近眾善，讓我們的孩子能生活在溫馨的慈善世界。

遊戲床

孩子的精力好像永遠用不完，小豆豆也是這樣。每次要他睡覺，總是又哭又鬧！

孩子的精力好像都用不完似的，小豆豆也是這樣。白天在楊媽媽家，他是不會浪費時間睡午覺的。楊媽媽午休的時候，常被這顆跳豆弄得哭笑不得。回到家也是如此，每天要睡覺時，一把他放到他的床上，他便開始驚人的演出，哭啊！鬧啊！非吵得我們再陪他不可，常使我們夫妻難得平和入睡。

後來朋友送我們一具用過的遊戲床，這具遊戲床有一百公分高（半身），一百二十公分長，六十公分寬，四面都以柔軟的棉紗網子圍繞。因設計很好，網子一繃緊，就有一定的弧度和四周的支柱保持距離，無論這個小跳豆如何瘋狂都能安全無虞。

用遊戲床讓小豆豆遊戲和睡覺，從此我們親子就能各取所需，他繼續消耗體力地玩（因綁了保暖圍兜，我們不擔心蓋被子），累了他就自己睡覺，我們也不再因睡眠不足而起不了床了。

父母小語

要孩子配合父母需求，節制他們的活動，似乎是很困難，而且易生親子衝突。

若我們能用些智慧，做些生活及設施的改變，或許親子都能各取所需，互蒙其利喔！試試看！

牙牙學語

用正確的語法和孩子說話……孩子長大之後便不用矯正用語。

小豆豆的語言能力發展較慢，到了一歲時才學會一、兩個簡單的稱謂。小豆豆開始學說話時，楊媽媽就告訴我們要用正確的語法和孩子說話。「吃飯」就說「吃飯」，不要說「吃飯飯」、「吃菜菜」或「穿褲褲」、「穿鞋鞋」。因爲孩子都是跟大人學，只要我們用正確的語法，孩子長大之後便不用矯正用語。所以，在日常生活中，我們很注意用字遣詞，希望能給小豆豆好的教育環境。

孩子對於抽象的用詞很難理解它們的眞正意思。但孩子也有他們的想法，如「請」字，小豆豆要一樣東西，或要我們做什麼，第一次他會直接說或拉我們的手。如果我們拒絕了，他便會一次比一次更大聲地用「請」字來表達他的堅持，好像說了「請」什麼都可以。

再如，他故意拿東西丟人，丟了之後會興奮地邊跑邊說「對不起」，傍晚去楊媽媽家，他只要說：「楊媽媽辛苦了！」就表示他要走了，見到小朋友時，我們要他握握手問好，他就會順勢把小朋友抱住，還會親人家呢！

父母小語

在孩子的世界裡，我們只能給孩子一個較好的學習環境和一些鼓勵的掌聲。

我們給他們什麼樣的空間，他們便會長成什麼樣子。生活上的點滴是最直接而重要的教育資訊，我們應該時時警覺，才能有所成長喔！

找不到奶嘴的晚上

半夜醒來，小豆豆一定要找他的老朋友，找不到便嚎啕大哭，我們只得下樓去買。

小豆豆平常是不用安撫奶嘴的，唯一的例外就是晚上睡覺躺在他自己的床上時，他才會找「嘴嘴」。

有一天，在晚餐後，他偶然發現了陪他睡覺的奶嘴，便以一種既高興又不好意思的表情，把奶嘴拿起來塞到嘴裡。吃了好一會兒，在客廳被我們撞見了，他一聽到媽咪長長的「喔——」，便把奶嘴往上、往後一拋，說個「丟」！

第一次丟在他腳旁附近，他又把它撿起來吸兩口，再喊個「丟」，把它拋開了！因爲當時我們在忙，未理會他的行爲。待晚上要睡覺時，全家便開始尋寶——找奶嘴！

翻遍了桌椅、玩具，就是找不著，只好拿出備用的他型奶嘴給他，他勉強接受了。但半夜他醒來，一定要找他用慣的奶嘴，找不到便嚎啕大哭，我們只得開始思考並討論對策。

剛開始我堅持一定要讓小豆豆承擔亂丟奶嘴的結果，或許這也是一個斷掉吸奶嘴的契機，更重要的是，若因哭鬧而得到需求的滿足，從此恐怕難有寧日。

不過我還是換了衣服，下樓到便利商店買了另一只同樣型式的奶嘴。理由是：「行爲」和「結果」若時間相隔太久，孩子很難了解二者是同一回事，無法因經驗得到學習。再者，孩子吸吮的滿足，對於情緒發展有正面效果，太早戒斷也不好。哭鬧時，不馬上兌現孩子的需求是正確的，但若任其哭鬧到疲累，孩子的內心也會產生挫敗感，適時的安慰也是很重要的。

父母小語

從這件事的前後，我體會到：父母的智慧是孩子教出來的。

用感恩的心，承擔這份「愛的煩惱」吧！

積木

小豆豆會將積木排列成牆，堆砌成塔，不管這些成就多麼短暫，我們都樂於做個最佳觀眾。

一歲左右，小豆豆開始喜歡玩積木，我們買給他的是較大塊的原木。剛開始時，他只會把積木立起來，我們便給他拍拍手，並讚美他：「好棒喔！」

他一高興就會繼續往上堆，堆的時候，我們會協助他放穩，他便高興地手舞足蹈。

每做完一個動作，他便停下來，看看我、看看媽媽，如果我們稍微慢了一些給予鼓勵，他便流露出期盼的目光，眼睛一眨一眨的，常使我們由衷地綻放出笑聲，小豆豆也很得意地自己拍拍手。

後來小豆豆會將積木排列成牆，堆砌成塔，不管這些成就多麼短暫，我們都樂於做個最佳觀眾。

在我們的感覺中，沒有比孩子的笑聲更令人陶醉的。有了掌聲，小豆豆總是賣力演出，讓我們幾度笑出眼淚來！

父母小語

在這一生中，我們不知道給別人多少掌聲，而得到的通常總是應酬性的答禮。

今天從孩子身上才真正得知給人掌聲和讚美的回饋，是如此喜悅的經驗，我們怎能吝惜和錯失呢？

四、父母的成長

我們有千萬個理由說忙，把孩子阻隔在我們的心房外；我們也有千萬個理由要孩子等，讓孩子寂寞成長。

忙完了大房子、大車子和大位子，我們就永遠難以等到孩子打開心扉。放下一切，讓我們和孩子一起學習成長。

摔破的奶瓶

某個夜晚，我抱著這顆皮蛋在客廳餵奶，他不僅拒吃，而且還扯開他的小嘴嘶吼。

三個月大的小豆豆，常常分不清白天、晚上，白天睡的情況還算正常，但傍晚一到他便開始沈睡到九點、十點，醒來之後精神好得很，開始他的演出——「哭」！

請教了很多父母，有人告訴我們：傍晚小豆豆若想睡就把他吵醒，不要讓他睡。我們也知道要這麼做，可是無論我們用什麼惡毒的方法（如冷水擦臉、大力搖、大聲吵，甚至於換完尿布，抓著腳倒吊看看），都吵不醒這位睡功一流的小豆豆，那只好認了吧！我們兩個人只好排班，一個上半夜、一個下半夜的陪公子「玩」。

剛開始體力負荷都還好，一星期後的某一個午夜，我抱著這個皮蛋在客廳餵奶，他不僅拒吃，而且扯開他的小嘴嘶吼，開始他的賣力演出。我左哄右搖，把打娘胎開始聽到的搖籃曲全唱給他聽，可能五音不全，他非但不肯讓步，更變本加厲的哭脹了臉。

我再拿起奶瓶試著餵看看，他一樣不理我，時間變得好慢好慢，倦怠加上厭煩就……

第二天早上，媽咪找不到奶瓶，搖醒仍在沈睡的我問：「奶瓶放在哪？」我只冷冷地回了一句：「垃圾桶裡！」媽咪愣住了，怯怯追問：「爲什麼？」我說：「被我摔破了！」「摔破了？」「不摔奶瓶難道要摔豆豆？」

父母小語

我們常會說要做個「五心上將」的父母，要有——愛心、耐心、信心、童心與上進心。這些「心」說得容易做起來可不簡單！「父母」不是用「說」的，而是要從「做」中「學」。

吐奶

小豆豆眉頭緊縮，喝完了牛奶，我抱起他，輕拍了一下，小豆豆剛剛喝的奶幾乎全吐了出來。

小豆豆三個月大的時候，我下班回家，因在法院發生了一些事，令我氣憤不平。但回家路上我一直試著放鬆自己，別把這份火爆的心情帶回家。走進家門，我試圖表現一副若無其事的樣子，接過媽咪的奶瓶，餵小豆豆吃奶。

餵奶時，我心裡仍未完全放下，一股難耐的不平在心頭翻湧。喝奶時，小豆豆雙手緊握，眉頭緊縮。喝完了牛奶，我抱起他，幫他排氣，才輕拍了一下，小豆豆剛剛喝的奶幾乎全吐了出來。媽咪手忙腳亂的收拾著殘局，小豆豆全身盡是酸奶，媽咪重新幫他洗澡、換好衣服，才輪我洗澡。因爲這件意外，我的心情才漸漸舒坦起來。

父母小語

孩子吐奶是很平常的事，但這件事給了我很大的警惕——人的情緒是很難遮掩的！

我氣憤不平的激動情緒讓小豆豆感應到了，所以吃奶時他緊握雙手。這些內在訊息是不需經由言語傳達的，人與人之間自然存在著一種磁場，彼此相互感應及影響。面對我們不喜歡的人，用再多的言詞及笑容都難掩飾心中的嫌惡。

從這裡我學習到：要有一顆誠懇的心及調和自己內在的平和，才能真正讓我們的孩子擁有安全感。

感恩

我用衛生紙擦他的臉時，才發現他口鼻都流著血，我的上衣也有一小塊血漬，這可把我們嚇呆了。

有一個秋天的假日，媽咪和我、小豆豆載著兩部鐵馬，到華中橋附近的河濱公園騎車，午後的陽光高高地把天空拉開了，我載著小豆豆和媽咪彼此追逐、躲藏，小豆豆幾次樂得差點從小籐椅翻了下來！

騎夠了車，我們就到青年公園的遊樂場，讓小豆豆去和小朋友一起玩。這些孩子都是這裡的熟客，小豆豆怯生生地跟著這些孩子手舞足蹈，卻不敢進一步參與。我們站在一旁覺得眞沒趣，三個人就手拉手想到另一處溜滑梯。這時有兩個小朋友邊走邊嬉鬧地跑過來，把小個子的豆豆撞得四腳朝天，小豆豆哇哇大哭，那兩個小朋友也沒當作一回事的就走了。

孩子被撞倒是很平常的，安慰一下就好了。我把小豆豆緊抱在胸前，他的淚如泉湧，把我的上衣都沾濕了。我用衛生紙擦他的臉時，才發現他口鼻都流血了，我的上衣也有一小塊血漬！這可把我們嚇呆了。我們趕緊用濕布擦乾流血，想看清楚到底嚴不嚴重。我一邊哄著小豆豆，一邊罵這兩個不小心的小朋友。

媽咪卻說：「要感恩呀！他們只是輕輕撞到而已，若是用跑的，衝力更大那就危險了！」我們發現小豆豆的門牙斷了半根。每看到他笑，我就想到媽咪的話：「要感恩！還好只斷了半根牙！」

父母小語

人生的境遇，常有很多難以預料的時候。

若我們時時懷著感恩的心去面對，善解我們所感受的苦，苦就不會那麼多、那麼苦了！

電話

一具報廢的電話，小豆豆竟能自問自答，彷彿真的在和誰通話。

我們家裡有一具報廢的電話，因爲捨不得丟掉，就放著給小豆豆當玩具。暑假過後，小豆豆回到板橋，常會拿著那具電話喃喃自語，和阿公、阿媽講個不停。我和媽咪看了十分捨不得，以爲小豆豆在想斗六的阿公、阿媽。

有一次，在小豆豆講得高興時，我們特地撥了一通電話到斗六，想讓小豆豆和阿公、阿媽說一說話。沒想到小豆豆拿起電話，叫了阿公、阿媽就啞口無言，不知道怎麼辦。

我們十分納悶這個孩子剛剛會說的話，這下子怎麼全沒了？

等我們拿起電話和阿公、阿媽聊天時，小豆豆又拿起那具沒有聲音的電話，自問自答，講得不亦樂乎。這個小子，待我們全神貫注地想了解他說什麼時，他

話筒一丟，樂不可支的便跑開了，一會沒注意，他又玩起自問自答的遊戲。

父母小語

在孩子的世界裡，想像的世界要比真實的世界容易，而我們卻常阻礙了孩子的想像世界，希望他活在現實中。

我常想，為何不放下我們曾有的經驗，和孩子一同在想像的世界中交流心靈！

兩百個孩子中的一個

他一掙脫我的手，就興高采烈地往被子上打滾。喊他、叫他，他都不肯就範，我便大聲斥責……

父母親在孩子無理取鬧時，能不予以斥責，都是很不容易的。

有一天，我剛爲小豆豆洗完澡，濕淋淋地準備取浴巾擦他的身體。他一掙脫我的手，就興高采烈地往被子上打滾。我手腳都很濕，喊他、叫他，他都不肯就範，我便大聲斥責：「小豆豆，再不過來，我就要打你屁股囉！」

剛從廚房走過來的媽咪就接著說：「爸爸可有兩百多個小孩，不差你一個喔！」我開玩笑的把浴巾丟給媽咪，對小豆豆說：「找媽媽你比較有分量，你是媽媽四十五個小孩中的一個！」他果然接受了媽咪，把今天的洗（喜）事辦完了。

在法院裡，我一個人要輔導兩百到兩百五十個偏差的孩子；媽咪是國中導師，班上有四十幾個學生。我們稱少年或學生爲「我的孩子」，似乎從開始至今一直未改變。常有人弄不清究竟是工作上的孩子，或是家裡的孩子。爲了解釋上的方便，我們通稱「比較小的那個孩子」爲小豆豆。

父母小語

有時我常在想：若真有輪迴，如佛法中所述，或是《前世今生》一書中所描寫的，今世我們是孩子的父母，前世、來世如何呢？前世他（她）是別人家的孩子，今世與我們有緣，常在我們身旁。前世或來世，他們是否也會是我們的父母或子女呢？

要用愛我們孩子的心去愛這些孩子，事實上並不容易，至少我們應用心去給他們我們對自己孩子的關懷與愛。

取名

因為姓氏筆劃太多，為了讓小豆豆減少一些負擔，便在「一」、「乙」、「士」……中，選了「士」字……

我的媽媽姓蘇，家中無男丁可傳姓，所以，我和我大哥都姓「盧蘇」（嚕囌），我大哥因另傳王姓祖先的香火，孩子都隨大嫂家，姓「王」，而我的孩子別無選擇，隨父姓「盧蘇」。

因爲姓氏筆劃太多，爲了讓小豆豆減少一些負擔，取名時第一個考慮便是筆劃簡單，聽起來順口。所以，便在「一」、「乙」、「于」、「立」、「甲」、「申」、「士」中選了「士」字，理由很簡單，「蘇士」音很像大文豪「蘇軾」，寫起來又簡單；同時也與「舒適」諧音，身爲父母的我們期許他的不是富貴和名位，只希望他未來的一生能知足常樂，隨遇而安，舒舒適適。

若生了女兒，我們會取名「蘇芙」（舒服），心情和舒適是一樣的，這樣的考慮便容易了解父母生我們時對我們的期望。

父母小語

姓氏無法選擇，但名字卻可以很有彈性，有人算筆劃論吉凶，甚至花大錢央人代取名字！

不管怎樣得來的名字，每個父母都希望這個名字能為孩子帶來好的一生。筆劃陰陽是玄奧的未知世界，而父母對孩子的用心教養和關懷，在我而言，比名字重要太多了。

小豆豆的由來

有次上街，聽一位媽媽在喊小豆豆，我們三人六目同時尋找，原來是另一顆小豆豆不乖，被媽媽斥責。

小豆豆爲什麼叫小豆豆？其實是有來源的。

其一是名字叫「阿士」，士和土很相近，原要叫他小名「阿土」，有親友建議不如叫「小土豆」，既好聽又可免傷孩子自尊。其二，小豆豆出生到三個月大之間，臉上常長滿了小疹子（可能是痱子），「小土豆」便成了小豆豆。

阿公、阿媽可不管什麼豆，只管叫「阿士」。小時候他還不知抗議，最近他會用的語彙漸漸多了，人家叫他「阿士」，他便會說：「阿士是小豆豆！」樣子可愛逗趣，像個小學究在發表重要報告。

有次上街，聽到有位媽媽在喊小豆豆，我們三人六目同時找尋，原來是另一顆小豆豆不乖，被媽媽斥責。小豆豆一連聽了幾次「小豆豆」，都猛然回頭，一臉愕然。我們實在很難去跟他解釋「小豆豆」是別人，不是他！

父母小語

在許多家庭裡，孩子除了本名之外都有一些小名，在家人間親暱的稱呼。

我事後想想沒叫「阿土」是對的，不管任何人，每天被人叫「阿土」，日後不土都很難！

小名也是種標籤，謹慎地用一個好標籤貼在孩子身上，應該是件重要的事。

撿糞

大便也能用「漂亮」形容？我想只有父母親對子女身上才用得出來！

春節時我們回斗六阿公、阿媽家，有一天媽咪和她的堂妹兩個人站在門口聊了許久的天，我實在有些好奇，這兩個女人到底在談些什麼？所以，我就悄悄地走近去聽。

「我們霈維最近可能是吃藥的關係，腸胃都比較差，大便很稀。」堂妹說。

「小豆豆有時候也會這樣，吃的東西也會有影響。」媽咪說。

「撿糞（台語排便）若能撿得漂亮，孩子健康就沒問題，做父母的也才能放心！」堂妹略帶興奮地說著。

「撿糞怎麼撿得漂亮？」我第一次聽人家這麼說，十分好奇插嘴問道。「軟硬正常，顏色黃黃的就是很漂亮呀！」堂妹用很自然的語氣回答我。

大便也可以用「漂亮」形容？我想只有父母親對子女身上才用得出來，這段對話讓我銘記在心久久難忘。

父母小語

父母對孩子的情是無所不能包容的，在我們未為人父母前，總是趨利避害，讓父母收拾殘局。現在為人父母，連孩子的大、小便都要以珍惜、欣賞的心去收拾，心中真有一番不同的感受。

夜啼兒

「天皇皇、地皇皇，我家有個夜啼郎，過往君子唸三遍，一覺睡到大天光。」

「天皇皇、地皇皇，我家有個夜啼郎，過往君子唸三遍，一覺睡到大天光。」夜裡哭啼不睡的嬰孩，似乎是每個父母的頭痛問題，我們家這顆小豆豆也不例外。在他四個月大之前，別人要睡覺時，正是他一天活躍的開始。

我和媽咪廣納建言和偏方，如把孩子的「衣服倒著掛」，睡前把孩子的「枕頭轉三圈」、「請觀音菩薩收他當乾兒子」、「拜床母、收驚、貼安神符」，當然包括用紅紙寫上「天皇皇、地皇皇」請過往君子唸三遍。方法無奇不有，有的方法我們會試試看，有的離我們的理念距離太大的，只好棄置不用。試過無數的方法，最後是小妹送的搖搖床（一種三用的小床），把夜啼兒給擺平了。在睡前我們便把這顆豆子搖昏了，若在睡夢中聽到哭聲，便用腳趾拉動連著搖椅（床）的繩子，讓小豆豆在搖動中再沈沈睡去。

這件事給了我們一些省思：孩子在出生之後，要重新面對一個陌生的世界，在適應上確實需要一段過渡期間。在這段期間，不管我們用的方法是科學的或是迷信的，也不管我們多麼努力去嘗試，可能都會面臨束手無策的困境。

父母小語

在未來孩子成長的過程中，我想都將有許多像夜啼一樣，要在等待中得到改善。

孩子會在我們的關懷中成長他們的身心，調適自己去面對問題。父母只是啦啦隊，給他們掌聲和支持而已。

媽咪辛苦了

每天我像下了班的爸爸，期待家中整整齊齊的，晚餐也都預備好了，但常事與願違……

寒假剛開始，我因爲工作較忙碌，無法爲媽咪和小豆豆做任何活動的安排。其中有四、五天的時間，媽咪像全職媽媽在家帶小孩，我則每天像下了班的爸爸，期待家中整整齊齊的，晚餐也都預備好了，等待爸爸回家吃飯。

但事與願違，家中被小豆豆弄得一團糟，晚餐則仍在樓下的麵攤解決，我幾次疑惑：媽咪一整天都在家裡做什麼？每次提到這個問題，媽咪都是一連串的「忙」。最後還會對我說：「我寧可上課也不要帶小孩！」

帶小孩這麼累人嗎？起初我並不以爲然，覺得在家陪小孩玩，哪裡會累?!但是在開學後的一個週日，媽咪學校裡辦活動，我必須做一日全職爸爸，我才了解媽咪眞是辛苦！

前一天我已經規劃好了——

早上去逛市場買些菜和水果，下午睡一個小時，再騎腳踏車去體育場玩，五點回家做晚飯。

早上還能順利進行，孰料，午飯後，小豆豆就是不肯午睡，吵鬧到三點半，我已毫無睡意，他竟累得睡著了，下午的活動也全泡湯了。我被他吵得心浮氣躁，什麼事也做不了，媽咪回來看我垂頭喪氣，幽默地消遣我。

「晚飯呢？家裡怎麼比早上出門時還要亂？」我忍不住哈哈大笑——帶小孩眞不簡單！

從此之後，只要有事要假日去辦，必須留媽咪和小豆豆在家時，我都會心存感恩，回家之後也會獻殷勤地問候：「媽咪！今天辛苦了。」

我們更加感恩楊媽媽辛勞的付出，那麼有耐心地照顧和教導小豆豆。

阿信

因為我們都太專心看「阿信」了，疏忽了小豆豆的存在。沒想到他把玩具全拉下來，人也跌倒在地上……

那年，電視台正播放日劇「阿信」。報紙一再討論，同事間也經常聽到在談論劇情，偶爾我們也收看，因爲不是持續性的觀賞，並未造成家庭生活的困擾。

有一天，因爲我們都太專心了，疏忽了小豆豆的存在。他把架子上的玩具全拉了下來，人也跌倒在地上。因爲聲響很大，夫妻兩個人都停止了一切動作，屏息注視著四腳朝天的小豆豆。他也被嚇到了，慢慢地爬起來，然後才放聲哭出來。由於動作像是拍慢動作的電影，十分逗趣，我們忍不住就大笑起來。小豆豆看我們在笑，哭得更傷心，大滴的淚水一顆接一顆地滑了下來。

我們收斂起笑容，兩個人合抱著小豆豆，然後把掉下來的玩具重新放回架子，再把它們拉下來。讓小豆豆清楚地了解，東西爲什麼會掉下來，爲什麼會有這麼大的聲響。小豆豆不哭了，繼續玩他的玩具。

因爲太專心看電視而疏忽了看顧小豆豆，我們夫妻間展開了看不看「阿信」的辯論。最後的結論是媽咪繼續看阿信，因爲這個連續劇給了她許多人生啓示，而我就負責陪小豆豆玩，因爲這樣我才安心！

父母小語

剛開始為這個話題討論時，我堅持孩子第一，我們身為父母必須以孩子為重。

但在辯論過程，我發現媽咪的意見也有道理，媽咪的需求也不能忽視。我不喜歡看電視，當然也不能勉強別人和我一樣，強詞奪理地說：「做『阿信』比看『阿信』重要。」澄清自己的需求，尊重別人的選擇，是很重要的。

一口饅頭

蘇伯伯順手撕了一片他咬過的饅頭給小豆豆，因為我們從來不把吃過的東西拿給小豆豆吃，所以我驚呼：「小豆豆，不要！」

我們住的大樓裡有位管理員蘇伯伯，是位七十幾歲的單身老人，特別喜歡孩子。早上我要帶小豆豆出門，他無論晴雨都會抱著小豆豆走到巷口。晚上小豆豆回來了，不管他在做什麼，都會站起來抱抱小豆豆。小豆豆也和他特別親近，無論要外出或回家，老遠就會喊「爺爺好」！

有一天晚上，我們正從楊媽媽家回來，蘇伯伯正咬著饅頭吃晚餐，蘇伯伯看到小豆豆便熱情地把他抱起來，順手撕了一片咬過的饅頭給小豆豆，因爲我們從不把吃過的東西拿給小豆豆吃，所以我驚呼：「小豆豆，不要！」

可能語調太突然而直接，蘇伯伯和小豆豆都愕然地瞪著我看，我忙打圓場說：「饅頭是爺爺的晚餐，豆豆吃了爺爺就沒了！」

我這麼一說雖然化解了僵局，但我仍可以感覺到蘇伯伯已經受傷的眼神。

父母小語

我可以理解當初的驚呼是怕孩子被傳染了病菌。保護孩子是父母的天職，但我們是否常過度敏感而深深的刺痛了別人的心，而毫無警覺呢？

一口饅頭裡，可能會有些病菌，但也有人與人至情的關懷。病菌無處不在，人與人之間的至情關懷，卻是難得的。

Part2 四至六歲的教養關鍵

教養是生活的一部分，是不斷的學習、成長，也是不斷實踐的過程。在這裡和你分享的是我們陪孩子成長的經歷。

每個生活的片段都有我們的省思和心得。我的想法和期待很簡單，用經驗的分享，讓新手爸媽少一些摸索、多一些方向。我的孩子現在已經是國中生，正值青春期，但是他一點都不叛逆。

經過十幾年的驗證，我想和你分享一些不一樣的親子互動關係。親子的互動就像存款一樣是零存整付的，當孩子到了青春期，你就會了解到，所有你在他○到六歲所做的努力，到了青春期就會顯現出不一樣的結果。

我希望以自己的經驗，陪伴父母，減輕困擾，也想用這種方式，讓孩子不被毀在青春期的風暴之中。根源不在之後的輔導，而是父母一開始就使用正確的作法。

別擔心怎麼教導四到六歲的孩子，放輕鬆的享受陪孩子成長的樂趣，給孩子正向的言行示範，就是最好的教育。

接下來的內容，比較是引導你如何做個有自信和會思考的父母，每一個父母都是獨特的和值得賞識的，我的這些分享和引導，你可以以自己的經驗做出判斷和選擇性的參考，選擇你認同和適合的模式，建立自己理想父母的風格和特質，

祝福你的親子之旅愉快！

五、生活即教育

孩子慢慢長大，爸媽一不小心就會扮演老師、警察和法官，有時候甚至會扮演上帝的角色。

你想做什麼樣的爸媽呢？爸媽就是爸媽，不會是朋友。但我們可以努力做像朋友的爸媽。

我的理想就是做我兒子的大玩偶，陪他在玩樂中學習成長。

我也要做個常保笑容的開心爸爸，永遠樂觀，永遠快樂！

另一半和孩子不是我們的財產，他們是我們生命旅程最重要的夥伴，珍惜每一個相處的片刻，用愛和成功來寫我們的親子日記！

哭鬧不止的晚上

親朋好友交相責備我是「鐵齒」專家，不過，我還是決定不找「收驚」的道壇……

有一天晚上，我的孩子噩夢連連，睡睡醒醒，一直喃喃自語，還哭濕了好幾件衣服，他在作噩夢時，怎麼搖都搖不醒，我們看了實在很捨不得。接下來的幾個晚上，都是同樣的情形。親朋好友知道了，就介紹一些坊間的「收驚」道壇，都被我回絕了。但是，孩子的媽媽最後有一點動心，她說：「反正只是花些錢，也沒什麼妨礙！」

我用了以前使用的方法：抱著孩子，不斷地說些安慰的話；當我有些慌亂時，便默唸佛號，孩子逐漸安定下來，我也有些累了，孩子掙脫我，我以爲他還在作夢，抱得更緊，我的孩子很勉強地擠出話來：「我要尿尿。」他上完了廁所，回到床上倒頭就睡，隔天情況好轉了。親朋好友交相責備我是「鐵齒」專家。事實上，我內心也掙扎了許久；不過，我基於下列幾個思考方向，決定不去找「收驚」的道壇：

· 孩子會因白天過度的驚嚇，而晚上噩夢連連，讓孩子了解白天發生了什麼事，試著了解孩子在怕什麼才是最重要的。

· 收驚是個儀式，爲的是讓我們安心，因爲相信所以才會有效用；而我相信只要有顆堅定不渙散的心，邪氣又如何能侵擾我們呢？

· 我們處在科技時代，若無法捨棄農業時代醫藥科技不發達的作法，迷信鬼神和風水，我們又怎麼能期待孩子有信心的向前邁進呢？

· 受驚嚇沒有危急性，孩子的情緒起伏，我相信是會隨父母安穩的心和時間而平復的。

父母小語

如果孩子受驚、生病了，你會怎麼做呢？

在過程中，檢視我們的心是否安穩，我們是否願意多給自己和孩子一點時間，自我了解和調適呢？

我們的所有作為，都是在示範給孩子看，面對問題他該如何解決。

讓孩子自己做決定

「媽媽，我已經長大，我不是小嬰兒，不應該吃奶嘴！」那一幕，令我很感動。一個才三歲的孩子，竟然能拒絕誘惑，以理性面對問題。

孩子滿三歲時，我們到豐原拜訪好友，這位朋友有一子一女。那天，我的孩子手裡拿著奶嘴，他平時是不吸的，只有睡覺才吸；小哥哥看到奶嘴就對我的孩子說：「小豆豆，這是小嬰兒吸的奶嘴！」

就因爲這句話，小豆豆把奶嘴拿給我們，晚上也沒要奶嘴。隔天回來，他在車上有些想睡，但又睡不著，於是我們問他是不是想吸奶嘴，他點點頭，然後對我們說：「我看一看可以嗎？」他手裡玩弄著奶嘴，又拿到鼻子前面聞一聞，再把奶嘴還給我們：「媽媽，我已經長大，我不是小嬰兒，不應該吃奶嘴！」那一幕，令我很感動。一個才三歲的孩子，竟然能拒絕誘惑，以理性面對問題。

我的孩子從那天開始，再也沒吸吮過奶嘴。我在思考：什麼樣的力量讓他能夠戒掉奶嘴？我分析的結果，有下列幾點：

- 他三歲了！吸吮期差不多滿足了。
- 他開始在乎別人的看法。
- 他重新定位自己，不再是小嬰兒，他認定自己已經長大了。
- 要不要吸奶嘴自始至終由他自己做決定，他才能爲自己的決定負責。
- 他得到了父母的信任和支持，父母也看到他的努力和自信。

父母小語

面對孩子的許多行為，我們以父母親的立場去建議，甚至給孩子壓力，是否是最有效益的呢？有時候暫停一下，讓孩子依自己的思考去做決定，並為自己負責，是最省力的方式！

理頭髮

用頭髮長度去區分男生、女生，會不會造成孩子的刻板印象呢？

孩子滿三歲以後，就漸漸長高，可是體重卻沒什麼增加，由於他很溫和，講話慢條斯理，很多人都誤以爲他是小女生。他都會抗議地說：「對不起，我是弟弟，不是妹妹！」不過他表弟出生之後，他就不說自己是弟弟，而改說：「我是祥祥的哥哥！」

被誤認爲小女生的另外一個原因，是他恐懼理髮，保母楊媽媽花了兩個月時間勸說他，等他說個「好」字。有一天，從幼稚園回楊媽媽家的路上，他又被叫妹妹，楊媽媽藉機告訴他：「男生的頭髮比較短，女生的頭髮比較長，你要不要理髮啊？」我的孩子當時沒作聲，隔了一餐飯，主動要求楊媽媽帶他去理髮。那一次理髮他很合作，我們去接他時，他還得意洋洋地說：「我自己做決定的喔！」

這件事，讓我有許多思考：

- 理個髮要等兩個月，孩子才甘願，這樣是否會造成孩子過度自我或任性呢？
- 如果強迫孩子立即去理髮和等兩個月的教養，會影響孩子什麼樣的特質呢？
- 給孩子多一點時間做決定，讓他爲自己負責，這是合適的教養態度嗎？
- 什麼事可以由孩子作主，而什麼事又必須由父母決定呢？
- 用頭髮長度去區分男生、女生，是否會造成孩子的刻板印象，難以接納男生蓄長髮、女生剪短髮呢？

父母小語

「等待」對我而言是一項教養重要的態度；但什麼事可以由孩子作主，而什麼事又必須由父母決定呢？我想出了一個標準：不傷害自己或他人的事情，又無時效問題，不妨就等待孩子一些時間，就像理髮的時間和樣式，我一直尊重孩子。

我們在孩子成長過程中的作法、我們的好惡，都會影響孩子未來的價值觀和信念，尊重孩子是好的，同時也要教導孩子如何尊重父母和別人的需求和想法喔！

讓我們的孩子學習尊重每個人的差異，懂得尊重別人的小孩，就會有更多元寬廣的思考空間。

打人記

「我沒有推，也沒有打，我要跟他們玩，他們都不肯跟我玩！」

有一陣子，幼稚園老師告訴我，小豆豆在學校會打同學，令我十分意外，因爲小豆豆個性溫和，不該有那種行爲。回到家我問他，爲什麼同學在玩，他要推同學呢？小豆豆一再辯解：「我沒有推，也沒有打，我要跟他們玩，他們都不肯跟我玩！」

我終於了解，孩子不過是想參與同學們的遊戲，我就問他同學在玩什麼遊戲，他告訴我，那時候大家在玩雪花片和積木。我又問他：「同學有說不給你玩嗎？」他說：「沒有！」我又問：「怎麼樣才能讓別人了解你想要玩呢？是不是要主動提出來呢？」「萬一同學不跟我玩呢？」他一副憂慮的樣子。

「你擔心同學拒絕你，所以你不敢說？」他點點頭。我教導他：「你可以說：

『我也想一起玩，可以嗎？』或是『讓我一起玩，好嗎？』

孩子不再有推同學的情形，這件事讓我有下列省思：

- 孩子有一些偏差行為，別急著告訴孩子不可以，而是要了解：孩子要什麼結果？為什麼會這樣做？
- 孩子大部分時候都是很隨性的，他沒有特別的想法，多一點時間引導孩子了解自己是必要的。
- 父母的角色是和孩子一起面對問題，一起思考解決問題，這個習慣將有助於孩子的人際互動，我必須學習做個提議者，提供方案讓孩子選擇，而不是做個下命令的指揮者。
- 父母不僅要蹲下來，也要學習用孩子年幼、經驗不足的立場思考，我們才比較容易了解孩子的想法。
- 父母必須示範好的解決問題模式給孩子看。

父母小語

父母要工作又要照顧家庭、孩子，我們回到家通常很疲累了，我們急著要把家事快速做完，好讓我們能夠歇息，別急著做事，先讓自己稍稍休息，換上舒適的衣服，喝杯溫茶，提醒自己：「照顧好自己，我們才有好的演出品質！」否則太過疲累，我們就不能有精采的演出囉！

哥哥生氣了

小哥哥難過得不說話，小豆豆仍然不知道事態嚴重，逗哥哥要跟他玩……

有一次，我們到朋友家作客，朋友的孩子帶著小豆豆到房間裡玩積木。突然，聽到小哥哥、姊姊大聲嚷嚷，而小豆豆卻傳出高興的笑聲。我們走去看，小豆豆正搶走哥哥堆的樂高積木，高興地往上扔，小哥哥一邊追喊一邊撿，他並沒有生氣，而是一邊護衛城堡、一邊阻擋小豆豆再度破壞。小豆豆以為小哥哥在和他玩，就更努力的破壞哥哥的積木，最後，整個城堡散掉了，小哥哥難過得不說話，小豆豆仍然不知道事態嚴重，逗哥哥要跟他玩。

我看了這一幕，拉著我的孩子，請小哥哥把內心不愉悅的感覺講出來。小豆豆收斂起笑容一副不知所措的樣子，我問他：「小博士哥哥生氣了，你很擔心是不是？你可以向哥哥道歉。」他怯怯的去拉小哥哥的手，向小哥哥表示歉意，小哥哥被他逗得笑了，兩個人又開始玩起積木。

這個事件，我想分享一下我的想法：

- 孩子打擾或侵犯別人大都不是故意的，他和我們一樣都會樂昏頭，而疏忽了別人的感受，孩子需要爸媽的提醒。
- 我們都是以自己爲中心，而忽略別人的眞實想法和感受。孩子無意中侵犯了他人，需要的是正確的回饋訊息，讓他了解自己行爲的不良後果，而非只是懲罰。
- 孩子需要父母的引導，及時利用情境引導孩子正確的反應和表達，孩子才能不斷累積生活經驗。
- 把問題還給孩子，由他自己去面對和善後，才能讓孩子培養出合適的人際互動。

父母小語

孩子成長的過程會發生無數的錯誤，這也正是我們教育孩子的好機會，別急著斥責或生氣，我們的作為就是最好的示範，孩子不需要一再用言詞教導和提醒，需要的是父母一再的示範良好的處理過程！

電視兒童

我們開了一場家庭會議，決定：每人每天只能看一個小時電視！

我的孩子在四歲之前很少看電視，唯一喜歡的就是卡通，五、六歲之後，他開始喜歡看電視，每次都非常專注，一個卡通接著一個，幾乎到了著迷的程度，什麼時間演什麼，他瞭如指掌，常爲了要看某齣卡通，再三叮嚀我們，不可延遲去接他。由於太著迷了，整個人坐得離電視越來越近，我們覺得這樣是不可以的。

於是，我們便開了一場家庭會議，決定每人每天只能看一個小時電視，時間自己選，他在五種卡通中選了兩種，我和太太選新聞報導，週六、日可再加一個小時；每看十分鐘要休息一分鐘，我們爲他準備了計時器，因爲辦法是共同討論

的，他都可以接受，唯有十分鐘休息一分鐘，改爲廣告時間休息。

小豆豆漸漸有了規律，不再是「電視兒童」。我得到了一些啓示：

- 孩子是可以講理的，只要父母用心和孩子討論，孩子應都能遵守約定。
- 父母以身作則非常重要，只要父母能做到，孩子通常也都做得到。
- 關掉電視後，我們發現每一天多出許多時間，電視是個媒體，固然可以給孩子許多資訊，但畢竟是單向且沒有系統的，孩子需要更多元的資訊。
- 電視和電腦遊戲是現代人最接近的「朋友」，也是破壞思考和創意的殺手，孩子從小就習慣遠離螢幕，他在生活中就會有更多時間，和人及知識互動和交流。

父母小語

現在孩子最大的毒害已不是毒品，而是網路遊戲，不要等孩子沈迷了才驚覺事態嚴重。我們一天若能少在電視和電腦螢幕上浪費時間，孩子的成長會更豐富和多元，如果沒有螢幕綁架我們的時間，我們更能和孩子共享親子間的甜蜜！

人來瘋

有來訪的客人，寶貝豆就會開始亢奮、言語異常。

我們家因為生活單純只有三個人，平日都是三個人形影不離，偶爾會有來訪的客人，寶貝豆就會開始亢奮、言語異常。如果有小朋友陪同，那可不得了，他幾乎都要把所有玩具全部搬出來舞弄一番，在客人面前他是非常「愛秀」，溜滑梯驚險秀、化裝秀、耍寶秀……如果大人只顧聊天，就有更精采的表演，吐口水、丟拖鞋，瓶瓶罐罐的滿天飛，什麼花樣他都會輪番上陣。我們見怪不怪，可是客人常被整得人仰馬翻！

後來，我們想到一個妙招，他未「秀」之前，我們先安排節目給他，我們姑且稱它作「乖寶寶表演時間」。給他表現的機會——拿拖鞋、端飲料、開音樂、表演舞蹈、鋼琴和說笑話帶動唱、變魔術、耍特技，有機會耍寶，他可忙得不亦樂乎！慢慢長大之後，他就漸懂得禮貌和應對的技巧，客人要回家了，常會有主客難捨的畫面。當然，每次客人來，我們約定好了：表現好，就可以在送客人下樓時，順便到便利商店選一客超級布丁。

從孩子的待客過程，我有下列心得分享：

- 都市裡孩子眞是孤單，盼到有客人來家裡，就不要再給孩子太多的拘束，多給孩子一些舞台，讓他藉機好好的秀一下，同時也讓他學習，如何招待客人，讓客人帶著歡樂而歸。
- 孩子的行爲大多數時候，都期待父母大人的注意，若我們先給予關注和掌聲，他就不用大費周章地表演闖禍了。
- 每個人都需要伴，孩子也一樣，家中若常有客人或常到他人家中作客，孩子習以爲常，就不會「秀」個不停。
- 有客來訪，不要覺得孩子會搗蛋或給父母難堪，也不要因爲孩子狀況頻出而感到沒面子；孩子的言行，只在反映他渴望被注意的需求而已。

父母小語

當孩子有不被期待的行為出現時，我們要先思考，孩子究竟要什麼結果？了解孩子行為背後的動機，我們才能有效地協助他。

講髒話

講髒話是透過學習而來，孩子有時並不知道真正的含義，父母的斥責、處罰反而增強了他愛講的動機喔！

有一天，孩子一回家，就開始一連串不雅的話——屁股、大便、雞雞……我們都沒理睬，裝作沒聽到，沒想到他更大聲、更激烈，在我們吃飯時竟然對我們說：「你們在吃大便！」我實在有點耐不住脾氣，把他叫過來，他嬉皮笑臉地說：「對不起！對不起！我看錯了，那是小便才對！」我們放下了碗筷，要打他屁股，沒想到他竟然興奮地跑來跑去，等我大聲的斥責，他才收斂起笑容。

我很嚴肅地告訴他：「大便、小便是骯髒的話，尤其是別人在吃東西時，講這樣的話，會讓別人覺得討厭！」孩子點點頭，那天果然收斂了，可是接下來的一、兩週他幾乎講什麼，都以「大便」作爲形容詞。我問他，在幼稚園是不是有小朋友講這類難聽的話，他就說某某人講了，被罰站，某某人講了被老師罵。我問他，爲什麼要講這樣的話呢？他說：「很好玩！」

孩子難免會講不雅的話，這是我的一些心得：

- 不雅和髒話是學習而來，孩子有時並不知道眞正的含義，父母的斥責、處罰反而增強了他愛講的動機。
- 父母眞的了解孩子到底要什麼嗎？有些時候孩子只是想引起父母注意而已，若漠視他，孩子可能用更強烈的方式引起父母注意。
- 大部分不雅的髒話，學自父母、流傳於同儕。
- 孩子成長過程中，對身體器官，尤其是性器官和排泄物總會有奇特的好奇心，身爲爸媽的我們別太緊張，利用這個機會，用圖片或影片教導孩子，人的身體和排泄物都是我們身體的一部分，讓孩子了解大便和小便是怎麼來的，他就不會覺得它們骯髒。孩子的兩性教育要從幼兒開始教導，等青春期才教就會太遲囉！

父母小語

孩子難免會有不得體的言行，沒有好或不好，一切都是孩子學習的機會。別緊張，大部分行為都只有短暫的一、兩週熱度，千萬別因此而有太大的情緒波動，而對孩子惡言惡語，增強了孩子的負面行為，或造成親子的傷害喔！

收拾玩具

玩具太多了，剛開始還能就定位，慢慢地就顯得雜亂……

在任何一個家庭，只要有孩子，每天一定會面臨一個問題：孩子玩完玩具不收拾，全家亂七八糟；這幾乎是每個父母的困擾。

經過許多努力，我們用過收拾玩具比賽、沒收、計時、給獎勵等等方式；但任何辦法都幾乎只有短期的效果，我們慢慢發現孩子會亂丟玩具，有下列幾個因素：

・玩具太多了，剛開始還能就定位，慢慢地就顯得雜亂，所以，我們逐漸淘汰少玩的玩具，把它收拾成箱，改放儲藏室，要玩再取出來，玩具少就不會覺得亂。

・要孩子養成玩一樣收一樣的習慣，其實並不符合人性，孩子前五分鐘玩這個，後五分鐘他又想玩另一樣，問孩子爲什麼不收拾，他都回答待會還要玩，導致東西越堆越多，我們大人的桌面、衣櫃也是類似情況，不是嗎？提高我們的寬容度，或許比較容易。

・如果不限定範圍，孩子會把客廳、臥室、書房都當成遊戲間，收拾起來就不容易。我們在客廳裡劃定了紙屋遊戲區，限定他的遊戲角落和閱讀角落，情況就有改變。

・父母自己的情緒會影響管教孩子的標準，有時心情好，就比較能夠容忍；又累又煩時，看到孩子未收的玩具，就覺得不舒服！覺得對孩子忍耐不下去時，不妨回頭想想是不是自己情緒的問題。

・每樣東西都有定位，要找時才容易找到，如果這是父母認爲重要的習慣，爸媽的期望，我們都做到了嗎？如果沒有，好像對生活也沒太大影響，不是嗎？

父母小語

收拾東西是生活中的一件小事，給孩子合理的期待及足夠的空間和收拾的固定時間，我們就可以少些斥責和抱怨。家裡的氣氛事實上是由爸媽所決定的，真的要為了小事，而破壞了親子間的良性互動嗎？

再思考一下，東西亂扔不收拾的關鍵，究竟是孩子還是我們呢？

父母時間：檢視我們的教養理念

以下的問題沒有標準答案，只想協助你更了解自己的教養風格；希望你能逐一檢視喔！（請在格內打∨）

・我為孩子犧牲、奉獻，孩子就應該聽從父母嗎？

□是　□不一定　□否

・我給孩子最好的，孩子也應該回報父母最好的表現嗎？

□是　□不一定　□否

・孩子犯錯是父母的責任，我一定會立即糾正或處罰嗎？

□是　□不一定　□否

・孩子年紀小不懂事，應該以父母意見為主嗎？

□是　□不一定　□否

・我要孩子比別人強，否則我會覺得沒面子嗎？

□是　□不一定　□否

・我希望孩子乖巧聽話，孩子一定不能犯錯嗎？

□是　□不一定　□否

．父母是愛孩子的，聽父母的安排一定沒錯嗎？
□是 □不一定 □否
．每個孩子每一片刻都不一樣，所以對孩子的教養方式也應該不一樣嗎？
□是 □不一定 □否
．每個孩子都不一樣，我一定不會拿孩子和他人比較嗎？
□是 □不一定 □否
．我一定要處處都尊重孩子，給孩子為自己決定的空間嗎？
□是 □不一定 □否
．我一定要接納尊重孩子的差異性和價值觀嗎？
□是 □不一定 □否
．我一定不會因孩子表現欠佳，而覺得沒面子嗎？
□是 □不一定 □否
．我一定會重視孩子努力的過程勝於結果嗎？
□是 □不一定 □否
．孩子有負面的行為，我一定要了解孩子的想法嗎？
□是 □不一定 □否
．我一定要用討論協商方式來處理孩子的問題嗎？

□是　□不一定　□否

給父母的話

你的答案大部分是什麼呢？如果大部分答案是不一定，那是我期待的喔！

我們沒有辦法用一個原則或想法應付孩子所有的問題，我們不僅要有彈性，而且要隨機應變，重點是放輕鬆，陪孩子一起學習、成長！

六、做個會「聽話」的父母

當爸媽眞不簡單，我們不是現在不知怎麼當父母，再十年、二十年，我們一樣是不知道！因爲夫妻和父母是個歷程，而不是結果喔。

現在開始，我們要學習做個會聽話的父母，了解孩子的行爲背後潛藏的訊息，一般的父母往往只看到孩子的表面行爲，而忽略了內在眞正的訊息；我們若期望孩子未來做個人際互動的高手，自幼便應讓他在常被了解的對待關係中長大。

在這一章中，我要分享和孩子之間的生活片段。我也是個會做錯事情，會懊惱自己決定的父母；不過，經過了一段時間，我們都會發現，沒有什麼是眞正的對或錯，一切都會是上天最好的學習與安排。別因爲一件事情不如自己的預期，就否定了自己！

我們想要聽見孩子內在的聲音，最重要的是爸媽要先了解自己，聽見自己內在眞正的想法。我們要先學會和自己溝通和好，才能和另一半、和孩子有好的互動！

爸爸的對不起！

父母是會犯錯的，為此向孩子道歉是很合理的事情。

我的孩子回到家一臉不悅，對他媽媽說：「爸爸最討厭！」我走過去要問清楚怎麼一回事，他竟然不理我，我知道孩子心裡一定有話要說，我等他書包放好、衣服脫下，我問他：「爸爸一定做了什麼事，讓你這麼生氣！」

「知道就好！都是你，害我英語課本沒有帶！」他一副生氣的模樣。我想起來了，昨天我借他的課本來看，忘了順手放回他的書包。

「我給你行個禮，說聲對不起！你忘了帶課本，上課一定遇到大——大的麻煩，所以很生氣！」我蹲下來，兩手輕搭著他的肩膀。

「沒帶課本很丟臉你知道嗎？老師還叫我跟章魚坐在一起！」他似乎緩和了一

點。

「你不喜歡被老師糾正，而且不喜歡和章魚坐在一起，所以你很生氣！」章魚是他們班的鼻涕大王，他回來就常說他很髒、喜歡惡作劇。

「是啊！和他坐在一起很不舒服，你知道嗎？」他回答。「如果爸爸昨天把你的課本放回書包，就不會讓你受委屈囉！爸爸還要再道歉一次嗎？」「不用了，你又不是故意的！」他心情變好了，露出了可愛的笑容。

這件事讓我學習到：

- 父母是會犯錯的，為此向孩子道歉是很合理的事。
- 父母的行為就是孩子的示範，若遇到類似的事，他可以怎麼做。
- 接納孩子的情緒，遇到挫折，需要的是了解，而非斥責。
- 孩子要的不多，其實就是父母的一點耐心和時間。
- 經驗是最好的老師，親子間的各種遭遇，都是我們學習成長的機會。

父母小語

遇到不舒服遷怒、責怪別人，是人之常情，我們若能不因孩子給我們的不舒服，而斥責孩子讓孩子更不舒服，下次類似的狀況，孩子自然就會用我們期待的方式來表達喔！

把每個事件都當成練習的機會，多練幾次，爸媽就會是箇中高手喲！

豆豆長大了沒有

我們安慰他，並帶他到身高表前，讓他了解，長大是要一點一點來的！

有一天晚上，小豆豆來回地從書房跑到客廳，重複問我們：「豆豆長大了沒？」我們以為在和我們玩遊戲，只是含糊地敷衍他，只見他進進出出，最後放聲大哭：「豆豆還沒長大！豆豆還沒長大！」我們嚇了一跳，蹲下來抱著他，知道他受了委屈，我問他：「豆豆為什麼還沒長大？」

他拉著我們的手，天啊！書房一團亂，架子的書散成一堆，他用墊子、書疊在一起，我們往上看，才知道他想拿書架上的東西，可是拿不到，他跑出來向我們求助，而我只是哄他：「長大了，像大樹一樣大！」可是他回到書房，發現他沒有，因為拿不到架上的東西。我們安慰他，並帶他到身高表前，讓他了解，長大是要一點一點地來，他從之前的九十公分，已經長到一○五公分，已經長得很快了！東西拿不到，暫時可以請椅子先生來幫忙，我們協助他搬了椅子，他竟興奮地叫嚷著：「我長大了！」拿到他要的玩具，高興地玩起來。

這件事，讓我有下列心得和大家分享：

- 大人的感受和孩子不同，我們認爲是小事，可能對孩子來說是很大的挫折。
- 孩子重複出現同一行爲，就表示我們沒有適切的重視和了解，我們應適時警覺並予以協助。
- 在諸多解決方式中，最差的是由父母代勞，最好的是讓孩子自己想辦法，父母從旁協助。
- 孩子自己動手獲得的成就，過程勝於結果，剝奪孩子爲自己努力的機會，可能就會讓他容易因不如期待的事件，而失去自信心。

父母小語

父母一定要有一顆敏銳的心，才能聽到孩子真正的聲音嗎？專家都是這麼說的；但父母若把所有注意力全放在孩子身上，全神貫注的注意孩子的需求，真的是最好的嗎？讓自己放鬆，陪著孩子一起成長，我們就能從經驗的累積中，找到爸媽和孩子彼此最適合的位置。

爸爸很壞！

「爸爸，你闖紅燈，不遵守交通規則！」

有一天回到家，小孩進門之後，鞋子一脫，就不理我，跑去對他媽媽說：「爸爸很壞！」我冒著大雨開車去接他，竟然一句感謝的話都沒說，還嫌我壞，心裡眞不是滋味！可是孩子會這麼說，一定有原因的。我幫孩子洗澡時，便問他：「你說爸爸很壞，一定是爸爸做了讓你不舒服的事，我有沒有這個榮幸知道多一點呢？」

「爸爸，你闖紅燈，不遵守交通規則！」他一副老師的模樣。「闖紅燈？回來的時候？」「對，明明是紅燈你還開過去，還被警察嗶！嗶！嗶！」

隔天走到路口，我特別停下來，問他是不是這裡的紅綠燈呢？平時這個路口是三個燈，最近改了四個燈，紅燈可以右轉，我看到的是右轉箭頭綠燈，而小豆豆看到的是紅燈，他並沒有錯，但我希望他以後遇到類似的事，能及時提醒爸爸，而不是直接指責我是壞爸爸。

從這件事中，我有了下列的心得：

- 孩子說話大部分時候是先丟個試探球，若我們沒用心接，可能就沒機會知道孩子真正想說的是什麼。
- 人際互動是經驗的累積，在表達情緒之前先完整的陳述事情是很重要的事，引導孩子批評事情時，先陳述事實，這樣才能讓別人了解他真正的意思。
- 孩子的眼睛是雪亮的，父母的言行是孩子的榜樣，若我們言行不一，孩子都會看在眼裡的喔！
- 溝通就是了解彼此的想法和感受，而非說服對方或一味的辯解，如果我們是好辯的父母，孩子也會是堅持己見難以妥協的人。

父母小語

被孩子指為「壞爸爸或壞媽媽」，我們習慣馬上否認或指責孩子；但孩子一定是有某些特別的經驗和感想要表達，學習打開孩子的話匣子，做個積極傾聽孩子內在真正聲音的父母，孩子也會在經驗中養成人際溝通互動的能力喔！

完整的應對

他有越來越驕縱的傾向，因為他只要說：「我生氣了！」別人非要讓他不可……

我的孩子由於是獨子，照顧過度周全，只要他說：「我肚子餓了！」牛奶就泡好等著他，「我渴了！」水就端來了。他有越來越驕縱的傾向，因爲他只要說：「我生氣了！」別人非要讓他不可。我和太太對這件事有所覺悟，決定要改變一下和孩子之間的應對模式。每當他說：「我餓了！」我們便回應他：「你想要什麼呢？喝牛奶還是吃飯？爸媽要怎麼幫你，你要說清楚，我們才知道啊！」

「我要喝牛奶！」他接著說。「喝牛奶，要誰去泡，怎麼說才有禮貌啊？」我們會再問。「我餓了，爸爸可不可以請您去幫我泡牛奶好不好？謝謝您！」當他這樣說時，我們才會給予協助，每件事我們都這樣練習，慢慢地他就不會予取予求、呼來喚去。

這件事，我想與大家分享：

- 生活即教育，期待孩子做個受歡迎的人，就必須在生活中給予孩子適當的引導。
- 斥責孩子之前，先要思考：我們教過孩子了嗎？我們自己有這樣做嗎？
- 語言的應對習慣很重要，爸媽也需要學習，我們可能也不曾察覺我們「不明確」及「不夠尊重」的用語模式。
- 家庭是最重要的教育場所，可別想著等上學之後再讓老師來教：老師只能教孩子知識，可能無法深入引導孩子的生活能力，尤其是孩子因習慣而成形的特質。

父母小語

任何習慣都是逐漸養成的，父母耐心的調整和教導孩子生活習慣後，將終生受益。更重要的是不直接要求孩子，而是由父母身體力行，孩子的學習來自模仿，是不需要特別教導的。

閉嘴！眼睛閉上！

有一天臨就寢時，我們在聊天，這小子竟學起我們的口吻：「閉嘴！眼睛閉起來！」

小豆豆是個精力很旺盛的小孩，雖然吃得少、睡得少，卻精神很好。我可就累了。晚上到了十一、二點，他還一個人喃喃自語，自己講故事給自己聽，自問自答。說可愛，真的是很可愛；可是對疲累不堪、被他吵得無法入睡的父母，那可是折磨。我們有時會厭煩得不得了，對他說：「閉嘴！眼睛閉起來！」有一天臨就寢時，我們在聊天，這小子竟學起我們的口吻：「閉嘴！眼睛閉起來！」我們才要解釋，他接著又說：「快閉嘴！眼睛不可以張開！」

我的天啊！這豈不是我們的翻版？從那天開始，我們再也沒有喝斥他「閉嘴」、「閉上眼睛」。

分享一下我們的心得：

- 我們怎麼對待孩子，孩子就會怎樣對待別人。
- 不希望孩子粗暴無禮，最有效的方法就是修正我們自己。
- 孩子和我們一樣近朱者赤、近墨者黑，慎選孩子成長的環境，比任何教導都重要。
- 孩子的行爲是在回應父母的教導，希望孩子改變，父母必先做調整。

父母小語

父母是孩子行為的模具，慎選精良的模具，才有可能造就好的產品；如果想要孩子好，我們自己就必須先做得好喔！

看牙科

當他聽有聲雜誌裡的看牙故事，他突然勇敢地說要去看牙醫叔叔！

小豆豆四歲左右，我們帶他去青年公園玩，一位哥哥滑著直排輪撞倒了他，他痛得大哭，我們扶他起來發現滿口和鼻子都是血，我們眞是嚇壞了，用清水擦拭乾淨，確定是撞到嘴巴，沒有其他傷害，才稍微安下心。小豆豆痛得一直哭，我們要他用開水漱一下口，才發現他的門牙斷了一顆，難怪這麼痛，我們抱著他，也試著感受他的痛，但一個那麼小的孩子，要承受那麼大的痛，當然是不容易的事。他哭了好一陣子，我們了解孩子需要一點時間，就輕抱著他，安慰他，鼓勵他；說他是個勇敢的小孩，不舒服就要表達出來，痛就大力的哭一哭，就會舒服一點！不久，他又有笑容地到處玩，似乎忘了這回事。

撞斷牙我們也沒在意，過了一、兩個月發現，他斷了牙喝水會痛，所以帶他去看牙科。第一次可把他嚇壞了，吱吱作響的機械和醫師的模樣讓他很不安，不願合作，看了一次，隔了許久都不肯再去。不過當他聽有聲雜誌裡的看牙故事，他突然勇敢地說他要去看牙醫叔叔！在看牙時，他還一副小博士的模樣，向醫師請教：這個是什麼？爲什麼要那個機器？而且還主動問醫師：什麼時候還可以再來？

看到這一幕，眞有些難以置信，大人看牙科都十分恐懼，沒想到一個四歲大的孩子如此勇敢。我認爲有下列原因值得我們重視：

·孩子的感受需要別人認同和分享，疼痛是短暫的，但父母的用心和耐心，會讓我們的愛存入孩子的成長存摺。

·同儕和媒體的教導是很重要的，以幼兒的立場來看一件事，由故事書的主角或媒體的人物來教，自然比我們教容易讓孩子接受。

·我們越是勉強孩子，孩子對事情就越容易產生排斥及恐懼，多給孩子一些時間準備，會使事情變得容易。

·恐懼是一種感覺，孩子需要一些時間和自己商量，讓自己準備好，換一種方式來面對，父母的角色就是陪伴。

．孩子不斷在試探，他需要父母的掌聲，支持他的聰明決定。

父母小語

孩子的成長過程充滿著意外，多聽聽孩子的內在心聲，了解孩子的感受和想法，和孩子一起面對，孩子會更勇敢和容易度過難關喔！

無尾熊「小蜜」

孩子是有理性的，孩子需要多嘗試一些其他方法，或多等待孩子一些時間做理性的決定。

我們在雪梨演講的時候住在好友千惠姊位於雪梨郊區的「留勒」（DULRA）農場。那個農場非常大，而且很美，我們享受了貴賓般的禮遇。千惠姊十分用心，在小豆豆的床上擺了一個玩具無尾熊，小豆豆問都沒問一聲，就認定這是送給他的，他給小布偶取名「小蜜」，理由是這是他在神祕地方發現的甜蜜朋友。

小蜜從此和他形影不離，每天睡覺一定相擁而睡眠，出國旅遊也一定隨身攜帶，我的朋友也送給他許多布偶，但都無法取代「小蜜」的地位。直到五歲以後，他抱著小蜜去看醫生，醫生告訴他布偶有塵蟎，最好不要抱著它睡覺，才不會過敏。回來之後，他睡前自動讓小蜜回紙屋睡覺，還學醫生口吻對小蜜說：

「你是布偶有塵蟎，小孩子會過敏，你要睡你自己的房間知道嗎？」

見到這一幕，我有些驚訝，平常把小蜜拿去洗，都得和他商量好久，醫生的一句話，就能讓他和好友理性分手。這件事，我有下列的想法：

・孩子是有理性的，孩子需要多嘗試一些其他方法，或多等待孩子一些時間做理性的決定。

・孩子的喜好是直接而且敏銳的，我們應該多看重孩子的感覺。

・孩子在成長過程中，都會有一、兩個知心布偶，塵蟎處處都有，孩子誠摯的情誼卻是難得，看重孩子的情感應該勝於可能的過敏原。

・布偶對孩子而言是有生命的，它們有安撫情緒的作用，和布偶的對話有益於孩子自我調適和人際互動的練習。

父母小語

小蜜陪我的孩子度過了生命中最關鍵的四至六歲，已是我們家的成員之一，我們計畫將它連同相簿、影片，一起收藏在孩子成長的時間儲存櫃裡，孩子的成長會是一溜煙的過去，是否除了照相錄影外，也給孩子留下成長的紀念品呢？

最好的紀念品可是無形的哦，那是親子共有的美好經驗！

拒學記

「你的眼淚讓我知道，你不想上學是因為有一些事讓你不舒服；但爸爸不知道它們到底是什麼事，我有榮幸知道多一點嗎？」

小豆豆四歲左右，上幼稚園的那一段期間，有一陣子他都要求去保母楊媽媽家，而不想去上學，我們知道孩子遇到困難了，可是他什麼都不說，只是淚水盈眶的吵著不去學校。

第一天我帶他上幼稚園，到門口他甩開我拉他的手，不肯進幼稚園大門，在門口就嚎啕大哭，我抱著他讓他盡情地哭，老師要過來協助，我告訴老師沒關係，我抱著哭得像淚人兒的小豆豆，撫摸他的頭，然後，試著感受他此時的情緒：「你很難過，不想上幼稚園？」「爸爸，我想去楊媽媽家！」他情緒稍稍緩和，但仍在飲泣。

「你很難過，不想上幼稚園，想去楊媽媽家，爸爸了解。」我抱著他，沒有給予任何答案。他拉著我的手擦他的眼淚。我看了看錶，上班可能要遲到了，我的心裡有點著急，但還是耐心的蹲下來和他說話：「你的眼淚讓我知道，你不想上學是因爲有一些事讓你不舒服；但爸爸不知道它們到底是什麼事，我有榮幸知道多一點嗎？」

他沒說，我也沒勉強他，我把我的問題說了出來：「我們沒有事先告訴楊媽媽，楊媽媽可能不在或者有事情，所以現在不能帶你去，而且爸爸現在急著要去上班，你想想看，還有什麼辦法可以讓你上學舒服一點？」他認眞地思考，隔了一會告訴我：「你可以請楊媽媽中午早一點來接我嗎？」我答應了他，他擦一擦眼淚，微笑的點點頭，心甘情願地進了幼稚園；我看一下錶共花了五分鐘，上班還好不會太遲！

但事情仍然未解決，我還不了解他爲什麼不肯上幼稚園。

這件事給了我一些想法：

・孩子是有主見和情緒的，透過了解才能化解親子不同需求的衝突，重視孩子的不舒服，給予他適切協助，他才能停止製造困擾給父母。

- 孩子在難過時需要的不是大道理，而是父母真誠的接納。
- 謹慎我們的言行，欺騙孩子一時的順從，可能會引爆更多的困擾！把父母想幫他但做不到的難處讓孩子了解，事情會變得簡單、容易處理。讓孩子了解爸媽需要他的幫忙。
- 不縱容孩子逃避責任，但要給孩子一些時間調適一下情緒。

父母小語

孩子和我們一樣偶爾都會情緒打結，接納孩子的不愉快，可能比斥責、恐嚇、脅迫更有效果，一個被了解、接納的孩子，也才懂得諒解與包容他人，任何的情境都能讓我們練習做一個稱職的父母，也在示範和複製孩子的處事態度。

父母時間：請你思考可能的答案

．當孩子對你說：「你是一個壞爸爸（媽媽）。」你知道孩子想說什麼嗎？
．孩子重複的行為困擾你時，你會怎麼說或怎麼做呢？
．孩子說：「我餓了！」該引導孩子如何完整地表達呢？
．孩子有不如期待的行為，你會先想到的是什麼呢？
．當你和孩子意見衝突時，你會如何表達想法和感受，並尊重孩子和你之間的差異呢？
．孩子哭鬧時，你能了解孩子的不舒服和受挫的心情嗎？說哪些話或做哪些事會讓孩子舒服一點呢？
．如何做或如何說才能激勵孩子把應該做的事，變成喜歡的事呢？
．你相信孩子是有理性的嗎？如何做才能激發孩子用理性的態度回應我們呢？
．孩子有不良行為，你會進一步了解他要什麼嗎？例如孩子拒上幼稚園，你能進一步了解孩子是否遇到了不喜歡的事或人嗎？
．如何用正向肯定的話來和孩子溝通呢？例如：孩子鞋、襪亂扔，東西不收，該如何說或做，才能讓親子有愉悅的互動呢？

給父母的話

這不是在考試，而是練習。我們的父母角色，就是要不斷的檢視、思考和練習。給自己加油！因為你是最棒的爸媽！這樣你才願意學習喔！

七、共享愛的存款

孩子出生後，父母又重新來一次生命之旅，我們像是個初任的船長，帶領完全沒有經驗的水手，一起航向生命的海洋。每一片刻，都應是驚奇和喜悅的經驗，我們學習以孩子的視界，分享孩子的所見所聞，我們願意忘記船長的尊榮和威嚴，學習做孩子的朋友，以笑容迎接孩子的每一經歷；以遊戲的心，和孩子共享這航程的美妙，父母的時間和用心，就是父母給孩子最大的鼓勵。孩子其實要的不多，他只希望你看到他所看到的，聽他所聽的，感受他所感受的。賞識孩子的獨特，用心陪孩子走一段成長之路，我們得到最大的回報，就是和孩子共有的這一份愛的存款喔！

你很棒！但別人也很棒！

在誇讚孩子時，我都會告訴他說：你很棒，別人也很棒；只是棒的地方不一樣！

有一天，我誇讚我的孩子「超棒的」，沒想到我的孩子用了「比較法」，他說：「我比爸爸、媽媽棒！」「比班上同學都棒！」「任何人都沒有比我棒！」

我立即糾正他，我告訴他：「你很棒，但爸媽還有其他人也很棒！很棒的人，才會讚美別人很棒！」

我兒子眞是機靈，馬上更正說：「爸爸，你也是『超棒的！』」

誇讚孩子做得很好，我常會疏忽，而用了些誇張的語氣，例如：

「你眞是棒！你是我『最』愛的孩子！」

「你是個天才，沒有人比你更棒！」

「你是超優秀！特級棒！」

這些用詞都有比較性，會讓孩子排斥、否定他人，所以在誇讚他時，我都會告訴孩子你很棒，別人也很棒；只是棒的地方不一樣！

誇讚孩子的方法，我想分享下列心得：

- 具體描述孩子所做的事情，予以稱讚，像上述的讚美都無法讓孩子了解自己眞的好在哪裡。
- 比較性的稱讚，常會讓我們自相矛盾，例如：稱讚兄弟都是你最愛的人，孩子可能會問「最」愛爲什麼有兩個人，請問哪一個是眞的呢？
- 肯定自己，不表示要否定別人，能自我肯定的人，才能肯定別人。
- 別擔心讚美會讓孩子狂妄自大，具體的讚美，會引導孩子去欣賞別人的優點和長處，做個賞識激勵別人的人喔！

父母小語

「比」這個字是兩把刀（匕首）加在一起，一不小心就會傷到別人和自己，我們的孩子和別人的孩子一樣，都是獨特且唯一的，不需要透過和別人比較來顯露孩子的優越。永遠賞識和支持孩子，看見自己的優點和進步，孩子藉由父母的肯定，才能自我肯定，人際互動中才有空間去肯定別人。

有效的讚美

鼓勵的時機和順序很重要，錯了可就沒有效果囉！

有一天，我在書房聽見我太太在糾正孩子寫字，只聽見我太太的聲音：「歪了，擦掉！」

「又錯了，再擦掉！」

接下來便聽到孩子抱怨的聲音，母子就要吵起來，我太太氣呼呼地斥責孩子不受教，我當時不便介入，事情過後，我和媽媽談這件事，我說：「孩子才剛練習握筆就受盡挫折，以後很可能一寫字就不自覺的厭煩，孩子是不會把不喜歡的事做好的，多鼓勵才能讓孩子喜歡應該做的事！」

「鼓勵？我有啊！他寫完了我不都是誇讚他嗎？」媽媽回答。「可不可以把鼓勵及讚美放在前，糾正放在後呢？」我見她有些不悅，我趕緊補充：「可不可以先看他寫對寫好的字，先給予讚美，再來糾正那些歪斜的字？」她試了幾次，發現孩子接受的情況改善，字也進步了。

這件事，讓我深刻地警惕自己：

- 鼓勵的時機和順序很重要，錯了可就沒有效果了。
- 鼓勵是要持續進行，若孩子沒有如預期努力，我們要思考一下，改換不同的鼓勵方式。
- 鼓勵要立即、具體、明確，否則不易有效果。
- 鼓勵要分四個階段——剛開始見好就給予鼓勵；第二個階段要盡最大努力才給予鼓勵；第三階段是選最好的一次給予鼓勵；第四階段，努力已成爲習慣，可以減少鼓勵頻率。

父母小語

孩子和我們一樣需要鼓勵，植物朝有陽光的方向成長，人朝鼓勵的方向努力，父母如何鼓勵，孩子就成為什麼樣的人喔！

暴龍是不會說話的

「沒什麼嘛！我今天只不過在演暴龍，暴龍是不會說話的！」

有一天，我們到楊媽媽家接豆豆，楊媽媽憂心地說：「豆豆今天悶悶不樂，都不說話！」他回到家和往常不一樣，不再活蹦亂跳、聒噪多話，只是靜靜地玩。我們開始有些擔心，問他話，他只搖頭；摸他額頭也沒發燒，體溫正常，也看電視、聽錄音帶、看書，就是不說話。

我們有些緊張，睡覺前，我們圍著他，裝卡通人物的聲音，把他的布偶也請了過來，一一地詢問他表示關切，最後他忍不住哈哈大笑，告訴我們：「沒什麼嘛！我今天只不過在演暴龍，暴龍是不會說話的！」

我們聽了笑不可抑，要演恐龍怎麼不預告一聲，讓這群大人急得團團轉。他的解釋是：「大家都知道，就不好玩了！」

我實在有些想K他一頓，可是他也沒做錯什麼嘛！不過這件事，給了我一些啓示：

- 孩子有時也會脫線（脫離現實）演出，就給他一些想像空間吧。
- 孩子沒有侵犯或傷害自己或他人，我們實在沒有理由說他做錯；換種溝通的方式，輪到我們扮演一下恐龍，讓他知道別人不說話，他有什麼感受。
- 別太在意孩子的惡作劇，孩子頗有幽默感，換個角度，對彼此都好喔！

父母小語

有些時候，孩子的想法超乎我們預期，多用欣賞的眼光，看孩子的創意演出吧！

鬥牛師伯

鬥牛師伯要小豆豆和一定要和他聯絡，小豆豆被當成大人尊重，他表現果然就像大人，欣然地和鬥牛師伯道「再見」。

鬥牛師伯是慈濟在麻六甲的負責人，我們到馬來西亞即是經由他的安排。他有兩個女兒分別上高中、大學了。他充滿愛心和活力，孩子喜歡接近他，一見到豆豆，他便和豆豆頭碰頭玩起了「鬥牛」，他故意讓小豆豆贏，然後說些誇讚的話，豆豆愛他愛得不得了，想到馬來西亞，我們浮現腦海的就是鬥牛師伯了。

記得第一次訪問馬來西亞的一星期中，他們兩個人幾乎形影不離，等到我們要離境時，小豆豆興高采烈的不知道要和鬥牛師伯分手，當他發現我們的行李都拿下來，而且鬥牛師伯好像不走，小豆豆便黏著他，我們心裡有準備，他可能又要淚灑機場。沒想到鬥牛師伯很有智慧，拉著小豆豆講悄悄話，只聽到他們打勾勾，互說一言爲定，後來才知道鬥牛師伯要小豆豆和一定要和他聯絡，小豆豆被當成大人尊重，他表現果然就像大人，欣然地和鬥牛師伯道「再見」。

這件事，我有下列的心得和大家分享：

· 孩子的哭鬧，是否和大人的不了解有關呢？離別是很感傷的，爲了下次的重逢，孩子卻能表現出落落大方的態度，如何教導孩子欣然接受生活中的「不得不」，是父母和孩子都要學習的。

· 了解孩子，引導孩子對未來有所期待，他便容易忍受眼前的挫折，也能增長孩子的EQ哦！

· 孩子的成長過程，就是一連串的悲歡離合，學習引導孩子用適當的方式面對，這是父母的功課。

父母小語

孩子的感觸很敏銳，我們要接納孩子的感受，才能有效地引導孩子進行良性的人際互動喔！

和祥祥的戰爭

在台北，要找人陪小豆豆吵架還真不容易，難得機會就讓他們多吵一吵吧！

小豆豆有個表弟住斗六，兩個人有非常獨特的情誼，不見時彼此想念，一見面五分鐘之後便開始大戰，我想這是每個小孩都有的特性吧！

祥祥生長在鄉下，每天都穿門過戶，和巷子的親友都熟，雖比小豆豆小三歲，可是比小豆豆靈活，而且口才反應非常好，常讓小豆豆應付不及，表兄弟常你爭我奪，可是只要幾分鐘沒見面，又會彼此要找對方。寒暑假回外公外婆家，對小豆豆最大的吸引力就是「祥祥」。從上車之後，小豆豆便開始期待；可是到了目的地，一下車，打開玩具，就會聽到他們嘶吼尖叫的聲音，不一會兒就有人會哭著四處告狀。我們常常故意不理他們，看他們是怎麼吵的。在台北，要找人陪小豆豆吵架還真不容易，難得機會就讓他們多吵一吵吧！

從他們吵架中，我有下列心得：

- 小孩和大人一樣，都想彼此操控對方，才會有爭吵。爭吵時彼此都覺得自己應該被尊敬和了解，結果沒有，才會越吵越大聲。
- 從小就讓孩子了解到每個人的需求不同，勉強別人來配合自己是很難的。
- 和別人起了爭執和衝突，是學習的很好機會：一是說服別人、二是改變自己、三是協調一下彼此可以接受的遊戲規則。
- 衝突是生活中難以避免的，應把問題交給孩子們，問他們：玩具只有一個，如何可以讓兩個人同時都能玩呢？這個難題，會讓孩子因學習而逐漸熟悉該如何處理。

父母小語：

面對孩子的爭吵，我們只要做一個旁觀者，保持平和的情緒，讓孩子自己解決問題，逼不得已我們才出面，我們做和事佬或破壞王（把兩個孩子都處罰），我們也會做攪和者和他們搶玩具玩，你會發現他們馬上會團結一致抵抗外敵，就不會再吵架喔！試試看，你會成為孩子眼中超級頑皮的爸媽喔！

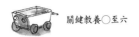

「單生」貴族

在他想法中，認為所有的東西應該都歸他所有。所以在家中，我們刻意要和孩子分享所有……

我們只計畫生一個小孩，許多朋友提出建議，應該爲了孩子多生一個。事實上在教養獨生子的方面我們也確實遇到了一些困難。例如：朋友的孩子來家裡玩，小豆豆霸佔著電腦不肯與其他小朋友分享；玩玩具時，豆豆只顧自己很少注意別人的存在。我希望他改善，他覺得很奇怪，平時電腦就是他的，讓給別人玩，那他要玩什麼？他獨享家中的一切，包括父母的愛，在他想法中認爲所有的東西應該都歸他所有。所以在家中，我們刻意要和孩子分享所有，有好東西一定彼此分享。最近，有客人來訪時，他就比較能夠和別人分享。

不過，有一項障礙還是不易克服。在家中，父母陪他玩，都能夠了解他、配合他；但是他到幼稚園裡，小朋友各顧各的，他常無法和別人玩在一起。因此他常會說他沒有朋友。我們做了許多努力，效果有限；住在都市，左鄰右舍又不熟，要找到玩伴還眞不容易。

這件事，讓我思考下列問題：

- 爲了給孩子多一個伴，一定要再生個孩子嗎？
- 在自我實現與教養孩子上，我們應如何調適、妥協呢？
- 人際互動是種體驗，不是教導；在家中連吵架的機會都沒有，對孩子來說，發展不足的部分，該如何彌補呢？
- 孩子除了父母之外，還需要手足及同儕間的互動，沒有兄弟姊妹情誼，對孩子有哪些負面影響呢？

父母小語

許多人會因此再生個小孩，我們仍堅持只生一個，沒有特別的原因，我們忠於自己生命和感覺，我認為孩子在我們生命是重要的，而自己的理想也不能因而放棄，對我而言，我只能用全心照顧好一個小孩，所以，我們家是單生貴族。你的看法和期待是什麼呢？事實上，幾個孩子都是好的。單生貴族三人行（一家三口）也不錯，感謝孩子豐富了我們夫妻的生命！

小白天

孩子的記憶和感情是細膩、微妙的。他去一趟澳洲，得到了無尾熊玩偶的禮物，從此對於無尾熊情有獨鍾……

有一天楊媽媽要出國旅遊，小豆豆一時不知該託誰照顧，於是，我便帶他到法院上班。孩子對我上班的地方十分好奇，我在座位旁鋪了些墊子，讓他在那裡玩，不會吵到別人。剛開始，他還很安分，後來就坐不住了，於是我帶他到每個辦公室認識同事，他很有禮貌，很受歡迎。有一位同事桌上擺了一隻小無尾熊，小豆豆眼睛一亮大嚷：「爸爸你看，小蜜的弟弟！」

同事要送給他，他不接受，不過他給它取了一個名字，因爲是白天遇見的所以叫「小白天」。每次孩子到我辦公室，都會要求去看看「小白天」，事隔多年只要提到辦公室，他一定問「小白天」還好嗎？

孩子的記憶和感情是細膩、微妙的。去一趟澳洲，得到了無尾熊玩偶的禮物，從此對於無尾熊情有獨鍾。這件事給了我一些心得：

- 讓這份特殊的情誼陪伴孩子成長，這些難得的經驗是無法重來的，就和孩子一起珍藏吧！
- 跟著孩子的感覺和想像走，我們會得到意想不到的經驗喔！
- 尊重孩子的感覺，不要勉強他去接受禮物，但也替孩子拒絕接受別人的善意。人際互動沒有一定的標準答案，只要正向引導，對孩子才有好的影響。
- 以孩子的視野看待一切，我們可以再重溫童年經歷，再次檢視父母的對待關係帶給我們的深遠影響！我們可以再度成長！

父母小語

孩子是有理性的，重要的是，我們要給孩子空間和時間，讓他表現喔！

父母時間：分享孩子的成長

- 我的孩子最喜歡的玩具是什麼？
- 我的孩子最喜歡的水果是什麼？
- 我的孩子最好的朋友是哪一位呢？
- 我的孩子最喜歡我對他說什麼呢？
- 我的孩子最愛看的卡通是什麼呢？
- 我的孩子最懷念的一件事是什麼呢？
- 我的孩子最希望得到的禮物是什麼呢？
- 我的孩子最期待的假期或節日是什麼呢？
- 我的孩子在家中最喜歡做什麼事呢？
- 我的孩子最喜歡爸媽和他一起做什麼事呢？

給父母的話

其實，我也有半數答不出來，所以你也不要太緊張喔！孩子一直在改變，可別一直認為昨天的孩子，今天還是一樣喔！

八、面對孩子，共同成長

孩子每一天都不一樣，父母每一天不是在接受考驗和挑戰，而是每天有不一樣的禮物和學習機會，如何從孩子不如我們期待的行爲中，認識我們特別的孩子，讓親子共有一份愛與成功的經驗呢？

教養是一門藝術，我們不需要每天都像解答孩子出的習題，緊張的要隨時應考，陪孩子一起成長的心路歷程，我們就是最棒的父母，接下來的章節，希望你能從中發現不一樣的觀點和心情。放輕鬆！沒有人眞的知道要如何做父母，心得的分享，只有一個期待：減少一些緊張和不安！賞識自己就是最好的爸爸媽媽！

眞的是說謊嗎？

孩子無法了解真實和想像間的差異，所以陳述時會加油添醋，讓別人弄不清真相。

有一天，小豆豆回家就敘述幼稚園發生的情形，描述得很具體、明確。他說：「同學不乖，老師就拿棍子打，他就哭得很傷心，爸爸媽媽來把他接走了！」我們心裡在想，老師怎麼會這樣處置事情呢？隔天，我問老師，老師好像不知道有這回事，細問之下，才知道老師確實拿了棍子，不過是用來教孩子們唱遊，哭的同學是因爲生病發燒，所以他的爸媽來接他回去。孩子把老師所說：「棍子可以用來當教鞭，同學不乖也可以打人！」這幾件事串連在一起，讓父母誤以爲老師打人。

另一件事是他帶了別人的玩具回家，有可能是幼稚園的。我們問他，他也弄不清楚，就隨便說是老師送給他的，到了幼稚園一問，才知道這是同學帶到教室玩，他玩一玩就收到自己書包裡，讓同學找不到。這些事情，我們不認爲孩子說謊，原因是：

．孩子無法了解眞實和想像間的差異，所以陳述時會加油添醋，讓別人弄不清眞相。

．孩子所知字彙有限，觀察、判斷能力也不足，他分不清關鍵是什麼，胡亂湊在一起，讓別人跟著團團轉。

．孩子在六歲之前，是和非的概念，是觀察父母反應而做決定，不要輕易給孩子貼上負面的標籤，孩子只是比較有創意的陳述，並非說謊。

．孩子無法預知他的敘述可能造成的後果，所以也就隨興地敘述，要跟孩子說明我們的困擾和擔心，孩子會慢慢從經驗中了解父母的期待。

父母小語

孩子的經驗和認知不同於父母，我們不能以我們的標準衡量孩子的行爲，而要謹慎地描述孩子不當的行爲，才不致對孩子成長有負面的影響。

偷東西

我帶著他下樓，向便利商店的店員致歉，然後把棒棒糖交還給他，再教小豆豆付十元買下那支棒棒糖，我告訴他：「這根棒棒糖現在才是你的，你可以吃了！」

幼稚園做健康檢查，小豆豆被發現有三顆蛀牙，醫師建議少吃糖，最好別吃黏牙的麥芽糖，可是小豆豆對包著梅子的麥芽糖情有獨鍾。有一天，他陪我到便利商店，他要求要買被我拒絕了。他也不嚕嗦，買了其他東西，回到家，我一直覺得他怪怪的，一會兒躲到廚房冰箱後面，一會兒躲到書房，一會兒又躲到盥洗室；到底在搞什麼鬼？我偷偷跟在他後面，嚇我一跳，他竟然在吃有梅子的麥芽糖！

他看見我，顯得十分緊張，我問清楚了怎麼一回事，拿了十元硬幣交到他手上，把那根棒棒糖拿在手裡，帶著他下樓，向便利商店的店員致歉，然後把棒棒糖交還給他，再教小豆豆付十元買下那支棒棒糖，我告訴他：「這根棒棒糖現在才是你的，你可以吃了！」此後又有兩次類似的情況，我都用同樣的方式，示範正確得到東西的方法，如果仍然有下次，我一樣也會這樣做，直到他眞正懂了爲止。

不過這件事給了我很大的衝擊，我有一些省思：

．孩子會偷，是因爲我沒有給他得到喜愛物品的管道。吃麥芽糖雖然會蛀牙，但也不是完全不可以吃啊！

．孩子不知道這種行爲犯法，他需要正確的示範和教導，而非打罵。

．從頭到尾我都未用「偷」這個字來形容他的行爲，我只告訴孩子，得到一樣東西，必須透過正常的管道，未經別人同意，或未付錢給別人，是不能擁有那樣東西的。

．「偷」是個負面而羞恥的字眼，若我們希望孩子不再犯錯，就要讓他們從錯誤中學習正確的作法。

父母小語

帶小豆豆進便利商店付棒棒糖的十塊錢時，我內心有些掙扎，可是不論怎樣，我們都要把握機會教育，及時給予教導，不能輕易錯過了教導的機會喔！

我要那個！

我依稀聽到有人說：「專家也只有這樣而已嘛！」

有一次，我們全家到遠東百貨逛街購物，逛到玩具部的時候，小豆豆的眼光被一只超合金機器人所吸引，他說：「嘉儒（表哥）有那種金剛，我也要！」

「出門的時候，我們商量好了，只有在過大節日，例如：生日、聖誕節，才能夠買大禮物。」我隨口就這樣回答他。

「我要！嘉儒表哥有，我也要有！」他嘟著嘴叫著。「可是……」我話還沒說完，他就哇哇地哭了起來。

人很多，他媽媽覺得有點不好意思，因爲附近有她學生的家長，爲避免尷尬，我請她先離開一下。我蹲下身來，旁邊正好有一對曾經聽過我演講的爸媽，他們就站在旁邊觀摩，看看這位專家如何處理。我試著先去感受小豆豆受挫的心，我說：「你想要金剛，爸爸不肯買，你很難過？」

他點點頭，用眼睛瞄一下仍站在原處的金剛，更大聲地說：「我想要買那個！」我大概重複和他說明了五次：「你很想要那個玩具，但爸爸現在不能買給你，希望你能諒解和尊重！」

他情緒漸平緩下來，問我：「我諒解和尊重您，可不可以買旁邊那個小的？」我一看價錢兩百，點點頭，他破涕為笑，似乎忘了剛剛發生什麼事。圍觀的爸媽有些失望，我依稀聽到有人說：「專家也只有這樣而已嘛！」

不管別人的看法怎樣，我覺得自己做對了：

．孩子想要東西被拒絕是很大的挫折，他需要的是了解，而非二度懲罰。

．別人有，我沒有，這是很難忍受的事實，試著了解那種感覺，我們就可以接近孩子的心。

．我們採取溫和而堅定的態度，讓他知道父母會堅持原則，他就會知難而退。

．孩子以哭鬧為手段，脅迫父母讓步，只要有一次得逞經驗，孩子便容易故技重施。

父母小語

面對孩子的哭鬧，我們用過的方法，有哪些是無效的呢？我們是否重複使用這些方法，而氣急敗壞地抱怨孩子難以管教呢？從現在開始，只要不重複過去無效的方法，情況一定會有所改善喔！

換座位風波

為了讓小朋友多認識朋友，所以把小朋友的位置做些調整，小豆豆的好朋友被換了位置，他覺得沒有安全感，十分孤單……

小豆豆拒學事件之後，我打了電話給老師詢問狀況，想知道他在幼稚園內是否發生了什麼事，或是最近是否有些變動的課程或人事。老師告訴我，爲了讓小朋友多認識朋友，所以把小朋友的位置做些調整，小豆豆的好朋友被換了位置，他覺得沒有安全感，十分孤單；老師暫時又換回來。老師很有智慧，把他們的位置併坐改爲前後坐，讓他覺得好朋友仍在，但又可交到旁邊的新朋友。

我接小豆豆回家時，保母楊媽媽說他話很多，好像心情很好，我感覺到問題已經解決了：原來是爲了怕失去好朋友啊！回到家我們笑他是多情種子，他還洋洋得意地說：長大要娶她做新娘。我的天啊！太早熟了吧！但是童言童語倒也無妨，他有他的想像世界；更重要的，他有他現在的需求和感受。我覺得十分幸運，周遭除了父母懂他，還有細心的老師和楊媽媽。

這件事的經過，讓我想到：

- 重視孩子的感受，而不是縱容孩子爲所欲爲。
- 孩子在每個發展階段都有不同的需求，毋須太勉強他一定要順從父母或老師的想法。
- 人的情緒偶爾會打結，給孩子一些緩衝的時間，才能讓父母和老師的美意不受情緒失控影響。
- 孩子的視界和我們不同，我們要降低年齡和身高才能了解。

父母小語

一件對的事，若不能說服孩子心甘情願接受，孩子可能會用更多不理性的行為來抗爭。用心去體會孩子的感受，彼此了解，取得平衡點，才能找到彼此都可接受的解決辦法。

畫畫

小豆豆很有創意，幾乎他所認識的人，都收過他贈送的畫和信。

我的孩子從四歲半開始就很愛塗鴉，剛開始只是一大堆線條，後來慢慢有圖形。不管他畫什麼，都有一番說詞，他最愛畫的就是卡通人物，然後有一段故事在畫面上。我們雖然有看沒有懂，但每次都會很真誠地認同他，小豆豆很有創意，幾乎他所認識的人，都收過他贈送的畫和信。

有時我們很不好意思，向老師或親友表示歉意，請他們多包涵小豆豆的塗鴉，耳尖的他在一旁都會抗議，表示那是他很認真畫的珍貴禮物。家裡的牆壁有他的塗鴉作品，阿公阿媽家的牆上也有他的傑作，他找到任何可以發揮的地方都不忘露一「筆」。等豆豆慢慢長大了，他漸漸知道什麼地方可以畫、什麼地方不能畫，我們也買了白板和圖畫紙，任由他發揮想像。有朋友建議讓他參加畫畫班，

我們的看法是一參加畫畫班，畫畫成了有主題的功課，他可能就不再喜歡了，所以一路成長，他都樂於信手塗鴉，樂在其中！

從小豆豆愛畫圖的過程，我有一些體會和大家分享：

- 畫畫是孩子喜歡的事，若希望成爲才藝，可能成爲孩子的另一項負擔，何妨任由他自由發揮，未來再由他自己決定是否要讓畫畫成爲一項能力呢？
- 孩子不能只限制、斥責他不可以亂畫，而要明確地告訴他，可以在哪裡畫，這樣才可以減少親子的衝突和困擾。
- 孩子心中有草圖，但表達上可能有很大的誤差，父母的接納正好可以彌補畫畫表達不完整的部分。
- 每個孩子都是創意家，最簡單直接的表現，應該就是藝術品的極致表現，關鍵在於父母是否能成爲鑑賞家了。

父母小語

孩子成長過程總會在牆上或桌子、椅子、櫃子上留下一些成長紀念

電視廣告兒

最令父母頭疼的是，廠商利用贈品誘惑孩子去買垃圾食物，孩子要的只是玩具，東西買回來未必有興趣吃，怎麼辦呢？

在這個商業資訊充斥的社會，我們的孩子幾乎變成了電視廣告兒，電視裡有什麼，他就要什麼；電視裡做什麼，他也要做什麼。最令父母頭疼的是，廠商利用贈品誘惑孩子去買垃圾食物，孩子要的只是玩具，東西買回來未必有興趣吃，怎麼辦呢？

我們小豆豆也是如此，我們通常是有限度的同意：每次出門逛街，最多只能買一樣兩百元的玩具，進便利商店只能選一樣二十元的食物或玩具。但我們在逛街時，盡量滿足孩子的好奇心，讓他看他喜歡的玩具並做解說，我們習慣性的提醒他這樣已超過兩百元，他都會一副大人口吻：「我只是看看，又沒說要買。」

至於廣告商所推薦的產品用法，我們都採寬容的態度。例如果糖加水果、麵包、紅茶，只要孩子喜歡，我們大都會同意。

我們思考的原則和大家分享：

- 這樣產品是否可能對孩子身心有益，若無益是否會造成傷害，若沒有就視情況，偶爾滿足一下孩子的好奇心、
- 要不要同意孩子的要求，不是由父母說了算，而是有互動討論的過程。
- 同意孩子的要求，我們必須思考，這和平時教養態度是否相違背，若有違背之處，要跟孩子分析例外的原因和用意。
- 出門前可以和孩子相互約定一些原則，並認真遵守，親子間可以藉此累積彼此互信的經驗。

父母小語

我們要做有原則的父母，但可別毫無彈性喔！和孩子協談的過程是很重要的，孩子會從中學習如何解決問題。

棍子要打誰？

有天他問我們說棍子是做什麼用的，我們告訴他要打小孩用的，他竟告訴我們，祥祥最不乖，把棍子送給舅媽用。

我太太是國中老師，從學校帶回來一根籐條，我的孩子很喜歡拿它玩各種遊戲，有一天他心血來潮，問我們這根棍子是做什麼用的，我們告訴他要打小孩用的，他竟然告訴我們，祥祥（表弟）最不乖，把棍子送給舅媽用。

事實上，他每次看到電視上有小孩被打，就會嚇得趕快轉台。在幼稚園，老師用愛的教育，沒有給孩子任何懲罰，但上了小學，恐怕就沒有那麼幸運了。

我常在省思，像我這樣從小被父母、老師打大，極度厭惡別人打小孩，自然我也不輕易體罰孩子，因爲我覺得被體罰時，沒人了解我爲什麼犯錯，大人只是因爲情緒受挫，小題大作拿小孩子出氣而已，我不希望兒時的不幸再重演，我試著用了解、鼓勵來代替懲罰。幸運地，我的孩子還算溫和、乖巧，做錯了事會認錯道歉。

從一根棍子，孩子問我要打誰的過程中，我有了反省：

．放下棍子，就一定會教壞孩子嗎？孩子沒有打罵就會學壞、爲所欲爲嗎？如果拿起棍子，孩子就不會學壞嗎？我在法院所輔導的孩子，父母大都是打罵專家，很少例外，爲什麼孩子還是會犯錯呢？

．不處罰孩子，又該如何讓孩子從錯誤中學習呢？

．父母遇到問題用打罵處理，孩子遇到問題又會如何處理呢？

．對於孩子的不當行爲，該如何才能最有效的學習呢？

父母小語

孩子犯錯，我們就處罰他，錯誤很可能造成負面增強，使孩子有更強的驅動力去做那件錯事。若我們把注意力集中在孩子好的行為，不良的行為未必會戒除，但好的行為一定會增強。

父母時間：請思考如何出招

- 孩子在牆上塗鴉，你會怎麼做呢？
- 你發現孩子說謊，你會怎麼處置呢？
- 若孩子發現我們言行不一致時，我們會怎麼面對呢？
- 孩子吵著要電視上廣告的玩具，你會怎麼處理呢？
- 孩子不乖一定要處罰嗎？要怎樣處理才是有效的方法呢？
- 如果孩子愛唱反調、故意搗蛋，怎麼處理呢？
- 你的孩子如果偷別人物品，要怎麼處理呢？
- 孩子在逛街時哭鬧吵著要玩具，你會怎麼面對呢？
- 孩子有不理性的行為，拒絕上課，你會如何引導他呢？
- 孩子黏著你或另一半，你會如何面對呢？

給父母的話

父母如果想要不因小事而失控抓狂，平時就要多多練習，讓自己有處理孩子行為的簡單模式，我們要了解當我們累了、倦了、餓了，我們就不會有什麼耐心，在這些關鍵時刻，我們要警覺自己隨時可能會失控發脾氣，多幾次練習，我們就能有良好及穩定的教養品質喔！

九、共存一份親子基金

孩子成長的過程，就像一本存摺，你可以存入關懷與愛；你也可以存入怨恨、焦慮和恐懼。我們存入了什麼，未來我們就會得到什麼回報喔！這本存摺還會不斷的孳息呢！

你期待孩子成爲怎樣的人呢？可爲他存入相關的成功經驗；被了解、被協助、被賞識、被讚美……等美好的經驗；這也是親子共同的存摺，存入希望、存入愛的親子共同基金，我相信我們都會一生一世珍惜這美好的一切！

累積共同的經驗

家人一起共有的經驗，成了最珍貴的記憶，也是未來回憶最溫馨的話題。

我經常受邀至遠地或國外演講，如果是單身前往，我都很想念家人。有次我特地帶他們一同前往，到處奔波雖然十分辛苦，而且我在演講的時候，他們只能在附近逛，不過家人一起共有的經驗，成了最珍貴的記憶，也是未來回憶最溫馨的話題。

我常觀察那些夫妻溝通不良、親子關係欠佳的家庭，他們缺乏生活共同的經驗：一起出遊、打球、看電影、聽音樂、拜訪共同的朋友，和孩子一起玩電動、看漫畫、玩四驅車。我雖然和太太、孩子有許多共同的生活經驗，也常保留時間供對方發展自己獨特的領域，這樣才可以分享不同的經驗，延伸我們的觸角。

陪孩子成長是人生珍貴的過程，在這過程中我們留下了什麼足跡呢？我對有些事順其自然，有些事又會刻意安排，讓內人及孩子了解我對他們的重視。

我如此做有我的看法：

· 滿足在童年時，渴望父母陪伴而不可得的失落。
· 用共同的經驗連繫親子、夫妻間的心，讓成長的每一個階段都有難得的回憶。
· 夫妻和親子關係需要經營，在生活中累積的美好記憶，就是最好的投資。
· 重視和另一半及孩子的相處，有機會就安排共同參與的活動，時間久了，親子就會把家庭看得比什麼都來得重要喔！

父母小語

檢討我們的一天、一週、一月、一年，和另一半、孩子共同擁有的時間有多少呢？我們給對方的時間夠嗎？也許時間是足夠的，但是相處的品質好不好呢？之前我們已經錯失了許多，未來我們應該倍加珍惜！和孩子的相處都是有期限的，等他們長大我們只能回憶喔！

籐球情

「送別人東西，就要送最好的，因為我喜歡它，所以，我才要送給小豆豆！」

小豆豆才一歲左右，就認識友人的女兒「絅絅」，她比小豆豆大兩、三歲，乖巧懂事，是小豆豆心目中的好姊姊。絅絅的父母都是虔誠的佛教徒，她自幼受慈善家庭的影響，善解人意，每次見面，她都會把珍藏的貼紙玩具和小豆豆分享。在小豆豆四歲時，絅絅隨父母到東南亞旅遊，在當地買了個籐球做紀念，她很喜愛這個紀念品。有次我們聚會她竟要割愛送給小豆豆，我實在過意不去，問她：「妳這麼喜歡這顆籐球，爲什麼要送給別人？」

她給我的答案讓我感動不已，她說：「送別人東西，就要送最好的，因爲我喜歡它，所以，我才要送給小豆豆！」一個六歲左右的小孩，竟然如此捨得，而且捨得心甘情願，小豆豆也沒枉費絅絅姊姊的用心，每次玩球，都會念念不忘有多久沒見到綢綢姊姊了。孩子的情誼誠摯溫暖，他們雖已數年未見，卻能時時惦記對方。

這件事，給了我深刻的省思：

．誠摯是人際互動最大的力量，我們大人也應該多學習孩子的無私無我。

．孩子的記憶是很微妙的，一件東西代表一個人，他玩的是綢綢姊姊的籐球，吃飯用二姑姑的餐具，抱的無尾熊是千惠師姑的，坐的木馬是阿媽的……

．陪孩子保存這些記憶，不要小看這片刻、一點一滴愛的存款，它們會豐富孩子的生活經驗喔！

．不要勉強孩子去做違背心意的分享，若孩子願意分享，父母應該支持孩子。

父母小語：

孩子的價值觀和我們不同，我們不能勉強孩子取捨，接納孩子和我們有差異的想法，只要這一項決定不會傷害別人及自己，就應該讓他有為自己負責的機會喔！

聖誕老公公

一群聖誕老公公正準備搭車離去，我們顧不得太多，就把那輛小巴士攔下來！

聖誕節是屬於孩子的節日、父母的夢魘。小豆豆三歲時，他期望能看到眞正的聖誕老公公，我們心想這還不簡單，各大百貨公司一定有，如果沒有，教堂也會有。我們信心十足地允諾孩子，一定會看到聖誕老公公。連續走訪了幾家百貨公司，都只有聖誕老公公的模型，沒有眞人裝扮。我們又坐著計程車，繞了幾個教堂，天啊！怎麼一個都沒有？

我的孩子含著淚水，失望地問我：「聖誕老公公呢？聖誕老公公呢？」我們希望奇蹟會出現，到了板橋遠東百貨公司，一群聖誕老公公正準備搭車離去，我們顧不得太多，就把小巴士攔下來。這群年輕人了解父母苦衷，全都下了車，圍著我的孩子說：「聖誕快樂！」小豆豆有些受寵若驚，高興地手舞足蹈，興奮得不得了！我們鬆了一口氣，上帝保佑！在最後一刻，聖誕老公公終於出現了。

這件事給了我許多思考：

- 父母的允諾，有時要有些保留；無法兌現時，孩子可是會很失望的喔！
- 孩子要的不多，只是感覺上的滿足，不要漠視孩子這份感覺，多體諒孩子的失望和挫折。
- 聖誕老公公送禮物是眞的還是假的，都不重要，爲人父母者不妨多保留一些想像空間給孩子。
- 父母不要有太大壓力，希望落空也是種感受和學習。偶爾讓孩子嚐一下挫折的滋味也是不錯的。

父母小語

在急忙的奔波過程中，我們有些氣餒，真想罵孩子一頓！但想想孩子許的願望是那麼的小，他要的不多，即使讓孩子失望了，我們為孩子所做的努力，他一定也會知道！

發光的拼圖

我告訴他，爸爸想做一個真正會發亮的拼圖給他，但失敗了……

有一年的聖誕節，我們又問孩子期望聖誕老公公送他什麼禮物，他不假思索地說：「會發光的拼圖！」

在那個禮拜，我和我太太四處打聽哪裡買得到會發光的拼圖，問了半天，只有一種雷射拼圖，看起來金光閃閃，但它還是不會發光，於是我自己突發奇想，設計了一種一組合在一起燈泡就會發亮的拼圖，用硬紙板加保麗龍，拼來湊去，發現有一些難以克服的瓶頸。聖誕夜，我們在聖誕樹下，放了雷射拼圖和一張無法發亮的拼圖。

隔天早上，我的孩子睡眼惺忪走到聖誕樹下，興高采烈地發現了神奇的拼圖；但他更有興趣的是那一堆有電線、燈泡、圖片的東西。我告訴他，爸爸想做一個眞正會發亮的拼圖給他，但失敗了。他問我燈泡怎樣才會亮，我示範給他看，他把燈泡塞進布娃娃的嘴巴，放進卡車、機器人的空隙裡，興奮地叫嚷著，到處跑去試驗，孩子的笑聲，讓我們過了一個有創意的聖誕節！

這個事件讓我覺得自己太緊張了，而我有下列思考：

- 孩子的願望實現，不見得是父母的責任，即使做不到也毋須有罪惡感。
- 孩子要的不多，可能是父母的重視；讓孩子了解父母的用心和努力的過程，就是最好的禮物。
- 孩子的想像往往超乎父母的能力範圍，讓孩子了解父母不是萬能、也有做不到的事，才不至於給父母太大壓力。
- 孩子沒有如願得到他想要的，並不表示父母不愛他，讓孩子了解父母的愛不是只有過節才有，天天都在送好禮物給孩子喔！

父母小語

我們期待自己是怎樣的父母呢？是十全十美、萬能的嗎？別給我們自

在客廳露營

我心生一計，何妨就在客廳搭起帳篷，讓孩子過癮一下呢？

我承諾在某一個假日要帶孩子去露營，可是大雨下不停，孩子十分失望，不斷在抱怨。我心生一計，何妨就在客廳搭起帳篷，讓孩子過癮一下呢？於是我便把帳篷搭起來，孩子興奮得不得了，在帳篷內打滾，還把他二、三十個布偶一一請到帳篷作客，而且扮起「家家酒」，拿了他的廚具煮飯給大家吃，雖然沒有眞的露營，但這種感覺也不差。

到了晚上，他似乎上癮了，要求睡在帳篷裡，我想了一下，有何不可呢？全家便擠進帳篷，過了一個不一樣的晚上。睡在帳篷裡，憶起兒時和鄰居躲在閣樓上玩和睡覺，常想：大人爲什麼要給孩子那麼多限制？不過多一些收拾的麻煩而已；但孩子的感覺全不一樣了。後來我也幫孩子在房間中用被單搭起簡易帳篷，

蓋棉被城堡，只要孩子能享受快樂，我們也沒什麼損失嘛！

我從客廳的露營中，得到了下列的心得：

- 容許孩子擁有更多的空間，他會有更豐富的想像力和創意。
- 轉換我們刻板的印象，客廳未必一定是全家看電視、待客的場所，它也可以是很好的遊戲場所。
- 不一樣的體驗，就會有不一樣的成長，在都市叢林中有太多限制，但我們只要做有創意的父母，一樣有許多空間可以發揮。
- 露營不一定要在野外，在頂樓天台也可以開心地露營。

父母小語

只要父母願意動起來，就沒有什麼不可能的事。只要我們願意，我們也可以讓孩子擁有不一樣的童年。

我會保護爸媽

我有懼高症，沒想到小豆豆一手扶我，一手扶他媽媽，一副英雄的模樣，他安慰我們別怕，他會保護我們的。

我們二度訪問馬來西亞，是受馬華中央輔導局之邀，擔任三天兩夜的親職教育課程講座，地點是在賭城雲頂。我每天幾乎都是滿滿的課程，內人和小豆豆只好到處瀏覽，沒想到最快樂的時候竟然是吃飯。小豆豆看到那麼多各式餐點，十分好奇，最吸引他的是「拉茶」。

主人是馬華婦女團主席，而且兼掌管旅遊觀光部部長，因爲她，我們備受禮遇，還有新鮮的水果花籃送給我們，三天假期過得十分充實。下山時，承蒙主辦單位的用心，讓我們坐纜車下山。我有懼高症，沒想到小豆豆一手扶我，一手扶他媽媽，一副英雄的模樣，他安慰我們別怕，他會保護我們的。這舉動讓我們好感動，他好像突然成熟起來，叮嚀我們這個要小心、那個要注意，當然，他也把自己照顧得很好！

在搭纜車下山的過程中，我一直思考著下列幾個問題：

- 小孩是需要被尊重和鼓勵的，當他被需要時，他就會變得懂事會照顧別人。
- 父母何必要處處擺出高姿態？偶爾向孩子請教、求援，讓孩子有表現機會，是最好的鼓勵和肯定。
- 每個人都有無限的潛能，只要得到適切的掌聲，就能扮演英雄，有時候應該讓孩子逞一下威風。
- 親子間互相扶持，愛對方、接受對方的愛，這些都是從日常生活學習而來，但我們一定要給對方機會。

父母小語

讓孩子有機會參與我們的活動或工作，也許我們會受一些干擾，但過程卻是難得的經驗分享喔！

父母時間：存一份親子共同基金

- 你每天是否有固定時間和另一半及孩子談心呢？
- 週休二日你如何運用呢？如何才能擴展全家人的視野和經驗呢？
- 每一個月是否有一個全家的約會呢？計畫一下吧！
- 每一季是否有一個空檔，能進行特別的規劃呢？
- 每一年你都許下什麼承諾，讓全家歡欣鼓舞呢？

給父母的話

如果你過去沒有，你也別太洩氣！這個禮拜、這個月，或下一個長假期計畫一下，我們在自行車道或森林公園等你們喔！

十、爲了給世界一份好禮物做準備

我在孩子的幼年期，已經爲了他成爲世界的禮物做準備，我們不想他得第一贏過別人，我們也不期待他成爲什麼大人物，我們只希望他有愛人與被愛的能力，每天都能與幸福相遇，並把快樂的種子分送給周遭相遇的人。眞正的教育不在學校而在家庭，眞正重要的「老師」是父母，而不是學校的老師。如果我們放棄了努力，任何一個人都難再給我們的孩子愛與成功的機會，把握現在，多用些心，未來我們就可以看見這個世界的希望！

孩子有無限的可能，關鍵在於我們提供了什麼樣的經驗給他。讓孩子生命中充滿愛和歡樂，這就是我們準備給世界最好的禮物。

意願決定一切

孩子的意願很重要，當初若非苦心勸導他，而是用勉強的方式，結果可能不一樣喔！

小豆豆比較內向，爲了讓他對自己更有信心，我們希望他報名學習「直排輪鞋」；但他有摔過的慘痛經驗，所以不論我們怎麼說他都不肯，給自己貼上很多負面的標籤，如：「我很膽小」、「我會摔跤」、「我學不會」、「別人會笑我」……和他談了一、兩週都很難溝通，但當他知道他班上有朋友要參加，他立刻就答應要參加直排輪鞋。剛開始他穿上了全身行頭，連站都不敢站，後來敢用走的，不過幾次滑倒，又讓他退縮了。學了幾週之後，他回家竟然告訴我們，所有才藝課中，他最喜愛的就是直排輪鞋，而且他信心十足，寒假到日本賞雪，他一定要學會溜冰，好好秀一下。每週三去接他，他興奮地敘述做到了什麼；那副神情眞難想像一個月前，我們千拜託、萬拜託都勸服不了他的樣子。

這件事給了我一些省思：

- 孩子的意願很重要，當初若非苦心勸導他，而是用勉強的方式，結果可能不一樣。
- 父母的用心和孩子的感受是不同的，教大人去學習一項技能，我們也會有些心理障礙的。
- 了解孩子的感受，接納他的恐懼和擔心，讓孩子了解到爸媽是他的好朋友，是和他站在同一陣線的。
- 分享孩子的成就，讓孩子知道自己的努力被看見了，就是最大的鼓勵。

父母小語

給孩子一、兩週調適和準備的時間，將可避免孩子日後幾個月的困擾，甚至於終生的排斥。孩子只要有一、兩次成功經驗，他就會樂在其中喲！多鼓勵並給孩子加加油吧！

激勵專家

孩子從障礙到顯現優勢能力的關鍵就是掌聲！

小豆豆由於視覺上的一些限制（鬥雞眼），小時候看物體分辨上較弱，因此玩積木做組合，尤其是較精密的部分，受限於視覺焦距無法兩眼協調，較容易遭遇挫折，但每次他只要堆上一個積木，或把兩樣東西疊在一起，我們就立即給予掌聲，由於堆積木的成功經驗，從小至今六歲，豆豆最喜歡的遊戲竟是堆積木，一套積木已玩到泛黑，他仍然樂此不疲，而且越來越有創意。

他原先堆兩塊積木都有困難，由於掌聲讓他願意持續地練習，終於愛上了這項遊戲，他的眼睛也因不斷地練習，四、五歲再複檢時，醫師說他完全正常不需要矯治，這眞是令我們快樂的事。每次他玩積木，一定會拉我們當觀衆，甚至於邀請我們和他做創意比賽，他不僅造型設計突出，而且有自己的前瞻遠見，一棟建築，他會安排停車場、游泳池，甚至還有直升機起降場，他有時還眞像個天才！

由於他的轉變，給了我下列啓示：

- 孩子從障礙到顯現優勢能力的關鍵就是掌聲！
- 沒有什麼事是不可能的，只要我們願意持續給予肯定的掌聲。
- 孩子也不應有什麼障礙，他願意多練習，困難的事也就知難行易了。
- 給孩子更多的正向刺激，孩子會從挫折中走出來，做一個有信心的人。

父母小語

多看孩子的進步，不要拿孩子和別人比較，只看他昨天、前天和今天的差異，我們就會發現孩子已經有很大的進步。在掌聲下成長的孩子，也會給別人掌聲，成為激勵高手喔！

學習高手

豆豆在聽覺上的優勢，讓他學習到許多知識，也因此彌補了較弱的視覺及操作能力。

小豆豆的辨識能力不好，手又是不很靈巧，操作上算是普通，可是他很喜歡用耳朵學習——聽故事或CD、錄音帶，我們訂了多種有聲雜誌，書配合錄音帶，每個月都聽十次以上，聽到都知道下一句要講什麼。爲了滿足他強烈的求知欲，我們幾乎買了所有市面上的有聲書，有些是小學程度聽的；對他而言，故事就是故事，並沒有深或淺之分。

他尤其喜歡科學方面的錄音帶，好學的想馬上知道所有的知識。不滿六歲，他已聽完全套西遊記、十萬個爲什麼、科學小叮噹、科學小百科、法律常識，其他如奇先生與妙小姐、走向大自然之類的有聲書，他也聽了數遍。他在聽覺上的優勢，讓他學習到許多知識，也因此彌補了較弱的視覺及操作能力。

這件事給了我許多思考：

- 學習不只是來自閱讀書本，只要孩子喜歡，任何方式都可以。
- 每個孩子都有獨特的優勢能力和學習方法，多注意孩子的優點和長處，才能鼓舞孩子繼續努力。
- 每個孩子的智能分配都是不平均的，知道孩子會什麼，要比知道他不會什麼來得重要。
- 多觀察、多鼓勵、多提供足夠的資訊，每個孩子都能成爲學習高手。

父母小語

為人父母者一定要懂得等待，孩子的發展是慢慢形成的，只要我們給予足夠的時間和掌聲，每個孩子都有無限可能的喲！

生活能力的培養

我們的寵愛和過度保護，對培養孩子的生活自理能力，有可能是一種傷害喔！

由於我的孩子動作很慢，吃飯、穿鞋、穿衣、疊被子、收拾玩具，在三歲之前幾乎都是由父母協助或代勞。上了幼稚園，才知道有些事態嚴重，孩子上完廁所不會擦屁股，尿尿要別人脫穿褲子，流鼻涕掛在臉上，只會大喊「流鼻涕！」「流鼻涕！」

由於同儕的比較，我們發現小豆豆發展較遲緩，除了生理上的原因，最大的關鍵是我們過度保護他了。於是我們不再餵他吃飯；洗澡只協助洗背，不再爲他穿衣、脫衣，除非那件衣服確實不易脫下；他穿鞋襪，我們都耐心地等候；早上起床，我和他一人拉一邊被子，練習疊被子，我發現孩子生活上的能力是很厲害的，很快就能自行料理，經由幼稚園老師的協助，他回家還會主動要求給他一件家事做，摺衣服、倒垃圾、收碗筷，甚至還會替爸媽捶背。

這件事讓我有下列的省思：

- 我們的寵愛和過度保護，對培養孩子的生活自理能力，有可能是一種傷害。
- 多給孩子練習的機會，孩子才可能學會。
- 把孩子的學習權利還給孩子，做得越少的父母，才是最好的父母喔！
- 要責備孩子「不會」、「不能」前，我們先思考：有無充分的機會教導他，讓他學習呢？

父母小語

做越少的父母，才真是越好的父母；做得多，不如做得少，給得好，不如給得巧。當我們舉手想要幫孩子時，先停下來思考一下：這件事不幫他會怎樣呢？如果沒什麼後遺症，就交給孩子自己處理吧！

滿足探索的需求

有些時候先滿足孩子的好奇心，再加以教導，成效會比較好喔！

從小豆豆會爬開始，我們便把所有的危險、易破碎的物品全收起來，但是家裡還有些地方是具有危險性，例如廚房、陽台、浴室等等。我們並不把它列爲禁區，而是告訴孩子，他到這些地方，須先向爸爸媽媽說一聲。孩子剛開始會很好奇櫥櫃中藏了什麼有趣的東西，他在我們注意下開啓了幾次，東翻西弄玩了幾次，他的結論是：「不好玩！」

他有幾次洗手時玩水，把自己潑濕了，我索性讓他玩個夠，等到衣服全濕了，他冷得不舒服，我才告訴他，怎樣洗手才不會弄濕，尤其是如何適度用肥皂，他也很認眞學，玩水沒幾次，他就膩了。還有幾次經驗，是上完廁所把玩具丟入馬桶，他看玩具轉來轉去很好玩；我在洗完澡後，把水放掉前，讓他把玩具一樣一樣地丟到水面上，讓他滿足好奇心和玩的樂趣，我沒有斥責他不可以再丟玩具到馬桶，只是把弄髒的玩具拾起來扔掉，他就了解了。他從過程中慢慢知道哪裡可以玩，哪裡不能玩。

這些過程，我體會出一些道理和大家分享：

· 孩子需要的是教導，而非斥責。
· 引導孩子正確、合宜的行爲，他才能了解爲什麼有些事是不可以做的。
· 打罵不是適當的教育，因爲孩子不了解該怎麼做才是對的。
· 要糾正孩子錯誤行爲時，必須有替代的行爲，讓孩子了解，玩樂是可以的，但要找對地方和時機。

父母小語

孩子在不斷試探的過程中學習和成長，要給孩子足夠的空間去嘗試及學習，他才有多元發展的空間。

下樓梯

「愛」，就是捨得讓孩子一步一步地爬，孩子唯有不斷地嘗試，才能提升他解決問題及適應的能力。

小豆豆三歲以後，活動能力增強了，唯一對他有限制的，就是下樓梯。他的視覺雖然沒問題，卻有些鬥雞眼，所以他無法準確地判斷深淺，在下樓梯時便沒有安全感而不敢下樓。爲了給他更多練習機會，培養他解決問題的能力，我們都極少協助他，他都是用倒爬的方式下樓梯。

他慢慢地了解樓梯其實沒什麼危險，敢用站立倒退方式下一步停一下，我們夫妻一個先下樓給他鼓勵，另一個在樓上陪他，不給他壓迫感，他慢慢學會下樓。至今已六歲，下樓仍然要兩腳踏穩，一階一階地下，而非一步跨一階，速度雖然比一般孩子都慢，但幼稚園老師諒解他，給他許多鼓勵，他現在已有勇氣嘗試各種下坡。

下樓梯的事給了我下列的啓示：

‧孩子尙小，我們寧可多花時間讓他充分練習，也不願他日後有不良的後遺症。

‧「愛」，就是捨得讓孩子一步一步地爬，孩子唯有不斷地嘗試，才能提升他解決問題及適應的能力。

‧讓孩子了解，要求別人協助抱他下樓，可以偶爾爲之，最終還是要靠自己。

‧父母的支持和鼓勵，是孩子力量的泉源。

父母小語

孩子發展上有障礙或不足，你是勇於面對，給孩子更多學習機會？還是替孩子解決問題，省得孩子添麻煩呢？思考一下，什麼才是真正愛孩子的方式。

四驅車

孩子沒有提出要求就得來的玩具和物品，是不會吸引孩子的，可能不久就會成為垃圾。

有一陣子，很多孩子流行玩四驅車，我的孩子接觸得比較慢。有一天回家，他說希望擁有四驅車，我們沒有拒絕，卻有一條「但書」：每天他若有好的表現，就給他加分，加到一百分，就可以擁有四驅車。有好幾個星期，他的行爲進步很多，很快地他便擁有了四驅車。後來我的朋友又送他一輛，我們也因他特殊的表現，而送給他另外的四驅車和軌道，可是他最愛的還是第一輛四驅車。

孩子用努力和等待得到的禮物才會珍惜，後來孩子要求任何東西，我們都和他商量要用幾分來換，沒想到這樣的作法，竟有額外的收穫，他的算術能力增強了，還要再加幾分才可以得到，他都能算得很精確，還會預估還有多少天，才能

得到禮物。

從四驅車的過程中，我想分享一些心得：

- 「別人有，我沒有」是個殘酷的事實；但又不能放任孩子予取予求，所以設定一些遊戲規則，延長孩子獲得的時機，將可提升孩子多項潛能。
- 可能達成的期待，會激勵孩子積極、主動地努力；一味地拒絕，將使孩子身心受挫。
- 孩子沒有提出要求就得來的玩具和物品，是不會吸引孩子的，可能不久就會成爲垃圾。
- 要孩子惜物愛人，很重要的是他被重視，付出努力，得到的禮物才更有意義，也才會珍惜喔！

父母小語

教育應該是過程，給或不給獎賞沒有一定的準則；但在過程中是否讓孩子充分感受到重視和肯定，才是重要的關鍵。

父母時間：了解孩子，才能協助孩子

- 寫下你的孩子曾經對你說過的夢想（最好寫在壁報釘在牆上，會有更好的效果）。留下紀錄，二十年後看看孩子實現了多少。
- 如何激勵你的孩子？請寫下五種以上的處方。
- 分析一下你孩子的學習優勢，他會什麼呢？
- 你的孩子有哪些優勢能力，請逐一寫出來（越多越好）。
- 你的孩子有哪些生活自理能力呢？還有哪些要加強的，要怎麼做才會更好呢？
- 你的孩子有哪些身心的不足？該如何做才能彌補這些不足呢？請訂一份具體鼓勵計畫。
- 孩子最需要你給他什麼呢？請分析一下。

給父母的話

一本書就這樣的被你讀完了！陪孩子一起成長的承諾，仍等著我們逐一實踐，十幾年來為人父母的心得是：還好我有機會當爸媽，孩子小時候我們陪他，現在幾乎都是孩子在陪我們上山下海的玩！幼兒時存下的愛的存款，一一在青少年期兌現，期待你也加入快樂父母的行列！

國家圖書館預行編目資料

關鍵教養○至六／盧蘇偉作. -- 初版. -- 臺北市: 寶瓶文化, 2006[民95]
面； 公分. --(catcher ; 8)

ISBN 978-986-7282-80-4(平裝)
1. 育兒 2. 親職教育

428 95024736

catcher 008

關鍵教養○至六

作者／盧蘇偉

發行人／張寶琴
社長兼總編輯／朱亞君
主編／張純玲
編輯／夏君佩
外文主編／簡伊玲
美術設計／林慧雯
校對／夏君佩・陳佩伶・余素維
企劃副理／蘇靜玲
業務經理／盧金城
財務主任／歐素琪 業務助理／林裕翔
出版者／寶瓶文化事業有限公司
地址／台北市110信義區基隆路一段180號8樓
電話／(02) 27494988 傳真／(02) 27495072
郵政劃撥／19446403 寶瓶文化事業有限公司
印刷廠／世和印製企業有限公司
總經銷／大和書報圖書股份有限公司 電話／(02) 89902588
地址／新北市五股工業區五工五路2號 傳真／(02) 22997900
E-mail／aquarius@udngroup.com

法律顧問／理律法律事務所陳長文律師、蔣大中律師
如有破損或裝訂錯誤，請寄回本公司更換
著作完成日期／二○○六年十一月
初版一刷日期／二○○七年一月
初版五刷日期／二○一二年七月三十日
ISBN-13：978-986-7282-80-4
定價／二六○元

AQUARIUS 寶瓶文化事業

愛書人卡

感謝您熱心的為我們填寫，
對您的意見，我們會認真的加以參考，
希望寶瓶文化推出的每一本書，都能得到您的肯定與永遠的支持。

系列：C008　書名：關鍵教養〇至六

1.姓名：＿＿＿＿＿＿＿＿　性別：□男　□女

2.生日：＿＿年＿＿月＿＿日

3.教育程度：□大學以上　□大學　□專科　□高中、高職　□高中職以下

4.職業：＿＿＿＿＿＿＿＿

5.聯絡地址：＿＿＿＿＿＿＿＿＿＿＿＿＿＿＿＿

聯絡電話：(日)＿＿＿＿＿＿＿＿(夜)＿＿＿＿＿＿＿＿

(手機)＿＿＿＿＿＿＿＿

6.E-mail信箱：＿＿＿＿＿＿＿＿＿＿＿＿

7.購買日期：＿＿年＿＿月＿＿日

8.您得知本書的管道：□報紙／雜誌　□電視／電台　□親友介紹　□逛書店　□網路

□傳單／海報　□廣告　□其他

9.您在哪裡買到本書：□書店，店名＿＿＿＿＿＿　□劃撥　□現場活動　□贈書

□網路購書，網站名稱：＿＿＿＿＿＿　□其他＿＿＿＿＿＿

10.對本書的建議：(請填代號　1.滿意　2.尚可　3.再改進，請提供意見)

內容：＿＿＿＿＿＿＿＿＿＿＿＿

封面：＿＿＿＿＿＿＿＿＿＿＿＿

編排：＿＿＿＿＿＿＿＿＿＿＿＿

其他：＿＿＿＿＿＿＿＿＿＿＿＿

綜合意見：＿＿＿＿＿＿＿＿＿＿＿＿＿＿＿＿＿＿＿＿

11.希望我們未來出版哪一類的書籍：＿＿＿＿＿＿＿＿＿＿＿＿

讓文字與書寫的聲音大鳴大放

寶瓶文化事業有限公司

(請沿此虛線剪下)

廣 告 回 函
北區郵政管理局登記
證北台字 15345 號
免貼郵票

寶瓶文化事業有限公司　收

110 台北市信義區基隆路一段 180 號 8 樓

8F,180 KEELUNG RD.,SEC.1,

TAIPEI.(110)TAIWAN R.O.C.

（請沿虛線對折後寄回，謝謝）